现代规模肉牛场生产管理实用技术

许丹娜　樊建珂　张自由　著

哈尔滨出版社
HARBIN PUBLISHING HOUSE

图书在版编目（CIP）数据

现代规模肉牛场生产管理实用技术 / 许丹娜, 樊建珂, 张自由著. -- 哈尔滨 : 哈尔滨出版社, 2022.7
ISBN 978-7-5484-6623-9

Ⅰ. ①现… Ⅱ. ①许… ②樊… ③张… Ⅲ. ①肉牛 - 饲养管理②牛 - 养殖场 - 经营管理 Ⅳ. ①S823.9

中国版本图书馆CIP数据核字(2022)第132973号

书　　名：现代规模肉牛场生产管理实用技术
XIANDAI GUIMO ROUNIUCHANG SHENGCHAN GUANLI SHIYONG JISHU

作　　者： 许丹娜　樊建珂　张自由　著
责任编辑： 王嘉欣
封面设计： 舒小波

出版发行： 哈尔滨出版社（Harbin Publishing House）
社　　址： 哈尔滨市香坊区泰山路82-9号　　**邮编：** 150090
经　　销： 全国新华书店
印　　刷： 北京宝莲鸿图科技有限公司
网　　址： www.hrbcbs.com
E-mail： hrbcbs@yeah.net
编辑版权热线：（0451）87900271　87900272
销售热线：（0451）87900201　87900203

开　　本： 787mm×1092mm　1/16　**印张：** 10.5　**字数：** 248千字
版　　次： 2022年7月第1版
印　　次： 2022年7月第1次印刷
书　　号： ISBN 978-7-5484-6623-9
定　　价： 68.00元

前言 / PREFACE

改革开放以来，牛逐步由生产资料向生活资料转变，传统役用功能逐步消失，而肉用、乳用功能开始凸显，肉牛养殖产业成为中国畜牧业的重要组成部分，中国肉牛养殖数量迅速增长，从养殖场到餐桌的产业链逐步完善。从 1980 年到 2020 年，牛肉产量由 26.9 万吨上升为 672.2 万吨，大约增长了 25 倍。肉牛养殖产业在部分地区已不再是只为消化农作物秸秆的家庭副业。通过国家肉牛扶贫政策支持，肉牛养殖产业在提高农民收入、吸纳剩余劳动力等方面有巨大的作用，肉牛养殖已成为乡村产业振兴的支柱产业。

我国肉牛养殖产业每年创造 2000 亿元产值，占牧业总产值 20%。因国家扶贫政策的支持，目前较多农村劳动力从事畜禽养殖产业，肉牛养殖产业也吸纳了较大比例的剩余劳动力，为农户收入增长做出了巨大贡献。随着经济发展水平的不断提升，牛肉在居民购买肉类中所占比重逐步上升，牛肉产量在肉类总产量比重中也得到提升。这种饮食习惯的变化，对于增加我国居民优质蛋白摄入、提升健康水平起到了促进作用。除此之外，肉牛养殖产业还可以消耗多余的农作物秸秆、为农业提供肥料，对增加农业循环效率有良好作用。

随着肉牛养殖产业的不断发展壮大，我国肉牛养殖主要优势区的空间布局也发生了转移现象。中国幅员辽阔，各地区自然资源状况差异较大，不同的地区在资源禀赋、劳动力供给、市场条件、产业基础等方面存在着较大的差异。肉牛养殖产业是否合理布局，不仅影响到我国资源利用效率和牛肉产量，也决定我国肉牛养殖产业是否能够高速发展。巨大的市场需求有效带动了肉牛养殖业的快速发展，肉牛养殖不仅为人们提供了充足的牛肉食品，而且还成为人们增收致富的重要渠道。为了进一步提高肉牛养殖技术水平，本书对肉牛养殖技术要点进行了分析和探讨。希望能为广大肉牛养殖人员提供一些技术参考，推动肉牛养殖业的持续健康发展。

作者

2022.3

目录
CONTENTS

第一章　导　论

第一节　现代规模肉牛场生产管理的意义

牛肉是居民膳食结构改善的重要肉类产品之一。中国传统的膳食中以植物源产品摄入为主，动物蛋白类食物、奶类食物等摄入量较少，这种膳食结构存在一定的不合理性。改革开放之后，随着动物源产品供应的日益丰富，加上欧美文化对中国的影响，人们的膳食结构逐渐多元化。

牛肉与其他肉类相比较，蛋白质含量更高，氨基酸组成更能满足人体所需，对于改善人们的膳食结构发挥着重要作用。在所有肉类消费中，我国居民目前对牛肉的消费量仅次于猪肉和禽肉，牛肉在居民未来肉类消费中所占的比例将会越来越大。2018 年，我国已经成为世界上第四大牛肉生产国，牛肉产量已经达到 644 万吨。同时我国已经成为第三大牛肉消费大国，2018 年消费牛肉 791 万吨，我国居民年人均牛肉消费量已经达到 5.71 千克。肉牛养殖业是我国畜牧业中发展潜力巨大的产业之一。

肉牛养殖业不仅是保障牛肉有效供给和解决农村剩余劳动力就业的重要渠道，而且在增加农民收入和提高农民生活水平等方面也发挥了重要的作用。我国肉牛养殖业在肉牛主产区对于提高农民收入效果明显，农民在农村花费六个月时间饲养一头育肥牛可以获得 2000~2500 元的纯利润。同时农户养殖肉牛可充分利用玉米秸秆等粗饲料资源并大大节省肉牛养殖成本，从而增加经济效益。

最重要的是养殖肉牛产生的粪污经过无害化处理之后可以作为粪肥还田，不仅可以减少资源的浪费和对环境的污染，而且还可以增加土壤的有机质含氧量。

第二节　现代规模肉牛场生产管理的模式

在很长一段时间内，我国肉牛养殖模式呈现多样化特点，主要以分散养殖、小规模养殖、个体养殖为主，集约化规模化养殖模式虽然得到不同程度的发展，但总体养殖规模较小。

一、现代规模肉牛场生产管理的要点

在国外，尤其是欧美，商品肉牛的生产已经有 100 多年的历史，无论是牛的品种还是经营模式都是专业化的。而在我国，商品肉牛的生产只有 40 多年的时间，尚未形成大规模的专业

化企业，需要改变产业结构，实现畜牧业的区域化、专业化，形成区域性的产、供、销、贸一条龙经营体系。

（一）决策

首先要根据国家的有关政策，结合本地、本场的主、客观条件，确定一定时期内生产发展的方向，然后具体分析市场需求、饲料供应、能源条件、销售渠道、价格及本场的技术实力、资金实力等，制定出近期或远期（5—10 年）奋斗目标及实现该目标所必须采取的重大措施。

（二）计划

以决策中所制定的方向和目标为基础，进行全面、细致的调查，拟订出一定时间（年、季、月）内适当的经营目标以及实施的步骤和计划。

（三）组织

为了实现决策目标和计划，必须在时间和空间上组织和协调好生产的各个环节，进行合理分工，明确各级、各岗位人员的责、权、利，使生产人员与生产资料之间达到最合理的结合，让人、财、物发挥出最大效能。

（四）指挥

各级管理人员根据计划，对下级和个人进行指挥，从而使生产活动中的每一个个体得到统一的调度，及时解决生产中存在的矛盾，使生产紧张有序地进行。

（五）监督

对生产经营过程中人和物的使用，要进行系统的检查和核算。首先应根据劳动定额的完成情况，相应给予恰当的劳动报酬、奖励或惩罚；其次应制定各种物质消耗定额，对生产过程中财力和物力消耗经常进行全面、系统的核算和分析，确保降低消耗、减少成本、提高盈利水平。

（六）调节

处理好经营活动中各方的关系，解决他们之间存在的矛盾和分歧，达到协调一致，实现共同目标。

二、肉牛场生产管理的模式

在肉牛养殖中常见养殖模式主要包括以下几个方面。

（一）自繁自育肉牛养殖模式

自繁自育的肉牛养殖模式是我国肉牛养殖产业的基础，该种养殖模式下出栏的肉牛比例占到整个市场供给的 80% 甚至更高。在这种养殖模式下繁殖母牛是养殖场宝贵的生产资源，它能实现犊牛一代一代地繁殖，提高养殖场养殖规模、扩大养殖效益。养殖场生产出来的公牛和架子牛主要用于育肥养殖，能帮助养殖户获得更高的经济收入。这种养殖模式虽然占据基础地位，但是在发展中也存在自身的不足之处，犊牛培育时间相对较长，进一步增加了母牛养殖成本，使母牛繁殖周期显著延长，架子牛培育成本显著增高。该种养殖模式适合在半农半牧的区

域发展，如果市场资源供给不充足，养殖难度较大，饲料难以得到有效保证。

（二）短期强化育肥养殖模式

这种养殖模式是养殖户通过向外购进架子牛直接进行强化育肥，以此获得更高的育肥效益。在育肥处理过程中，对架子牛进行限制运动养殖，同时辅以优质的精饲料，保证架子牛能快速增殖，积累更多营养物质。该种养殖模式是一种快捷的育肥养殖方法，但是由于架子牛价格高昂，需要养殖户投入较高的资金成本。在引种过程中，如果没有进行有效的检疫，很容易引入带病牛和发病牛，容易造成巨大的经济亏损，短期强化育肥养殖模式更加适合于农业区域或周边地区。

（三）架子牛养殖模式

在肉牛养殖产业发展中，架子牛养殖是十分重要的一个环节，同时在某种程度上会进一步制约肉牛养殖产业的健康发展。从目前肉牛养殖实际情况分析，分散养殖模式依然占据主导地位，同时也是架子牛的主要来源。各种来源的架子牛通过各种途径流入市场，经过个体专业泛用户或专业化的规模养殖场聚拢后，发展肉牛育肥养殖。在肉牛实际生产中，科学分析架子牛的生产和供应来源，才能保障肉牛养殖产业链持续不间断，保障肉牛养殖产业健康发展。

三、肉牛场生产管理模式的影响因素

（一）整体养殖规模呈现下降趋势

尽管近年肉牛企业化规模化养殖模式得到不同程度的发展，但从总体发展情况分析，肉牛养殖规模呈现不同程度的下滑趋势，出现这种问题，主要是因为各种人工成本、饲料成本显著增高，养殖效益逐渐下降，甚至会出现成本和收益正相关不显著的趋势。近年为加速畜牧养殖产业发展，国家和地方政府部门都相继出台了一系列的扶持政策和鼓励政策，这些政策大多能促进畜牧养殖产业的发展，但某些政策在某种程度上也会制约畜牧养殖产业的整体规划和整体发展。

（二）养殖成本增高

肉牛养殖产业需要投入较高成本，其中饲料成本是整个养殖产业的主要支出。养殖场70%以上投入主要来源于饲料。在肉牛养殖中，玉米、豆粕是肉牛养殖中主要的能量饲料来源。近年随着对农业产业结构不断调整，玉米、大豆的种植面积呈现逐年缩小趋势，在保证国家粮食安全的大背景下，用于饲养动物的玉米数量显著下降，整体养殖成本显著增高，极大增加了肉牛养殖的压力。饲料成本的显著增加，在一定程度上影响肉牛养殖户的发展积极性，甚至有大量养殖户退出肉牛养殖行业。

（三）专业技术人员紧缺

肉牛养殖是一项专业技术要求很高的工作，在养殖场建造、饲养管理、饲料搭配等各个方面都需要有专业的知识。但现阶段不管是在畜牧养殖技术推广领域，还是在肉牛养殖领域，都缺乏高素质的专业技术人才。由于人才严重缺乏，先进的养殖技术得不到很好的推广应用，养殖户一直坚持传统的养殖模式，养殖规模难以扩大，肉牛养殖周期较长，养殖效益较低，限制肉牛养殖产业健康可持续发展。

第三节　现代规模肉牛场生产管理的效益分析

一、现代规模肉牛场生产的地位

（一）养殖规模不断扩大

近年来，随着我国对农业和畜牧业产业结构的不断升级与调整，肉牛养殖业的发展非常迅速。肉牛养殖业在畜牧业中占据的比例越来越大，实现了可持续发展，为消费者提供更加优质的牛肉。

（二）完善的肉牛繁育体系

当前我国已经进入肉牛养殖业发展的黄金时期，其中以黄牛养殖为主。在进入新时期后，随着不同地区环境的改变，以及人们对高品质牛肉的需求量的增加，各个地区的肉牛品种的生产性能不断提升。在这一背景下，完善肉牛的繁育体系，引进优质的公牛，扩大养殖规模，使肉牛的品质大大提升，各个地区先后引进了不同种类的肉牛开展人工授精技术，肉牛的生产能力进一步改善，肉质进一步优化，形成了产量高和肉质好的局面。

（三）产品质量优势明显

肉牛适合生长在冬无严寒、夏无酷暑，并且四季分明、降雨充足、草地资源丰厚的地方，因此，在部分地区应该采用人工种草的方式，为肉牛提供丰富的食物资源。将农作物秸秆进行资源化的应用，在肉牛的养殖环节，确保牲畜食用天然的饲料。在肉牛养殖的环节中，应用各类技术生产出天然无公害的肉牛，提高自身的经济效益。

（四）市场前景广阔

为了进一步完善肉牛产品的推广与销售，应该高度重视建立品牌，形成良好的口碑，逐步实现肉牛制品的高质量生产与品牌化的经营，还应该鼓励建立肉牛养殖专业合作社，从而使生产出来的产品销售到各个地区，将肉牛养殖和互联网经济有机融合，采用电子商务开展各类网络营销，利用淘宝和京东等电子商务平台，将生产出的肉制品销往不同的地区。

二、现代规模肉牛场生产管理的影响因素

（一）影响肉牛养殖经济效益的主要因素

影响肉牛养殖经济效益的因素有很多种。把影响肉牛养殖经济效益的因素分为六类，分别是养殖户个人特征、养殖户家庭特征、养殖户生产特征、养殖户组织特征、养殖户科技特征、养殖户政策特征。

1. 养殖户个人特征

包括养殖户的年龄、文化程度、养殖年限。王贵荣等（2010）通过对新疆奶牛养殖户进行

调研，分析影响养殖经济效益的因素，发现养殖户的年龄和文化程度对奶牛养殖经济效益具有显著的影响。

2.养殖户家庭特征

包括养殖户的家庭劳动力数量、经营耕地规模。王莉等（2012）通过问卷调查奶牛养殖主产地奶牛养殖户的行为特征及影响因素，发现耕地资源禀赋状况、家庭劳动力资源禀赋状况会对奶牛养殖经济效益产生显著影响。

3.养殖户生产特征

包括养殖户的仔畜来源、养殖规模。田露等（2011）通过对吉林省126个肉牛养殖户进行分析，发现肉牛仔畜成本和养殖规模是影响养殖户肉牛养殖经济效益的重要因素。高海秀等（2018）把我国肉牛养殖的成本收益与世界肉牛养殖强国进行对比分析，结果表明，仔畜费用是导致我国肉牛养殖成本偏高的重要因素。

4.养殖户组织特征

包括养殖户是否加入产业合作组织、肉牛交易方式。王贵荣等（2010）通过对新疆奶牛养殖户进行调研，分析影响养殖经济效益的因素，养殖生产组织模式以及养殖户是否同乳品收购企业签订订单销售合同对奶牛养殖经济效益的影响显著。

5.养殖户科技特征

包括参加过肉牛养殖技术培训的次数。王贵荣等（2010）通过对新疆1252个奶牛养殖户进行调研，分析影响养殖经济效益的因素，养殖户接受过技术培训的次数对奶牛养殖经济效益具有显著的影响。

6.养殖户政策特征

包括养殖户是否获得养殖防疫补贴。

（二）相关因素对肉牛养殖经济效益的影响机理

1.年龄、文化程度、养殖年限对肉牛养殖经济效益的影响

肉牛养殖户在肉牛养殖过程中发挥着至关重要的作用。不仅作为劳动要素投入到肉牛养殖中，而且肉牛养殖户的年龄、文化程度、养殖年限也会影响其养殖技术和经验。一般而言，随着年龄的增长，其养殖技术和经验都会有所增加，但是在年龄增长到一定程度后，养殖户的体力、精力也会降低。

同时，文化程度越高的肉牛养殖户，其学习和使用先进生产技术的意愿越强烈，也就越有利于提高养殖经济效益。养殖户的肉牛养殖经验是其在肉牛养殖中不断积累获得的，肉牛养殖时间越长的养殖户，其肉牛养殖经验越丰富，可能会提高肉牛养殖经济效益，但是过度依赖养殖经验，也不利于肉牛养殖经济效益的提升。

2.家庭劳动力数量、经营耕地规模对肉牛养殖经济效益的影响

肉牛养殖属于体力型劳动。如果肉牛养殖户家庭劳动力不充足，则需要雇用劳动工人，反之，如果自家劳动力充足，能够满足肉牛生产过程中的劳动力需求，则不需要雇用劳动工人，也会节省人工成本。肉牛是草食动物。肉牛养殖中投入的粗饲料和精饲料必须进行科学配比，

某种饲料投入过多或者过少都会影响肉牛生长速度。不同的养殖户在肉牛育肥过程中会投入不同比例的精饲料和粗饲料，因而不同养殖户的饲料费用也会有很大差异。如果肉牛养殖户经营耕地数量不足，生产的粗饲料、精饲料不能满足养殖需要的话，则需要购买饲料来解决饲料缺口，如果肉牛养殖户经营耕地数量充足，秸秆粗饲料和玉米精饲料完全可以由自家提供，也会节省饲料费用。

3. 仔畜来源对肉牛养殖经济效益的影响

仔畜费用占到肉牛生产成本的65%左右，成本的高低直接影响肉牛养殖经济效益。现代肉牛养殖模式有“自繁自育”和“他繁我育”两种模式，因而，进行育肥的仔畜要么通过自繁方式获得，要么通过外购方式获得（郝丹等，2015）。

近年，肉牛仔畜货源紧缺，收购价格不断攀升，通过自繁方式获得的仔畜可以节省购进费用及运输费。另外仔畜由于长距离、跨地区运输容易出现应激反应和疫病风险，通过自繁方式获得的仔畜还可以减少运输带来的疫病风险。相较于外购仔畜，农户自己繁殖仔畜则会降低仔畜费用，肉牛养殖回报率得到提高，这是影响肉牛养殖经济效益的主要因素。

4. 技术培训对肉牛养殖经济效益的影响

技术培训是肉牛养殖户获取新技术的主渠道。高效的农业生产技术在农业现代化发展过程中对于提高农民的收入起到非常重要的作用（潘丹，2014）。畜牧业部门通过技术指导使肉牛养殖户掌握先进的肉牛养殖技术，例如，冻精改良配种技术、医疗防疫、饲料科学配比等。养殖户将技术培训获得的养殖知识应用到肉牛养殖中，从而节省养殖成本、增加养殖收入，进而提高肉牛养殖经济效益。

5. 参加合作社对肉牛养殖经济效益的影响

参加合作社有利于养殖户福利的改善、有助于农业生产效率的提高（温雪，2019）。一方面，合作社通过为成员提供生产、销售和信息服务，降低肉牛养殖成本，有利于提高养殖户和企业的议价能力，避免企业对市场形成垄断，可以保证市场交易公平，最重要的是有助于优化市场交易效率（苏昕等，2017）。合作社为肉牛养殖户提供的帮助涉及肉牛养殖的方方面面，合作社可以在产前为养殖户提供技术服务，在产中为养殖户提供饲料、疾病防控等服务，在产后为养殖户提供肉牛销售信息等服务。

6. 交易方式对肉牛养殖经济效益的影响

稳定的交易方式有利于稳定养殖户的生产信心。现有的肉牛出售渠道有订单交易、交易市场、商贩上门收购三种。在这三种肉牛出售渠道中以订单交易最为稳固，也是最容易推动养殖户与现代农业有效衔接的方式（刘森挥等，2019）。订单交易是畜禽养殖业中常见的组织结构和价值关系，基于多方共同的利益诉求，一般是龙头企业采用订单的方式与肉牛养殖户等各类主体形成稳定的肉牛交易方式（吴全宏等，2017）。生产者可以通过签订的订单提前确定生产数量，收购企业对肉牛养殖户实行保护价收购，可以有效避免盲目生产导致肉牛出栏价格的大幅度波动，保证预期收入的稳定性。

7. 政策支持对肉牛养殖经济效益的影响

补贴政策是政府部门激励农户采取技术的重要方式（赵旭强，2012）。现阶段我国肉牛养

殖的普惠性政策为肉牛防疫补贴政策（刘京京等，2019）。我国现阶段肉牛养殖户的文化程度都不是特别高，肉牛养殖户的文化水平以初中为主，甚至还有很多养殖户的文化程度仅为小学水平，在肉牛养殖过程中，只注重对肉牛的饲养，防疫观念薄弱，饲养过程中防疫欠缺（王景巍，2017）。防疫补贴政策能够提高养殖户主动防疫的积极性，有效降低育肥肉牛生病次数，降低肉牛病死率，进而保证肉牛养殖的经济效益（田璞玉等，2019）。

第二章 现代规模肉牛场的建设

第一节 场地选择

肉牛场在选址时要考虑周全，结合当地的农牧发展情况、饲料供应情况以及当地的气候条件做好长远的规划，以适应当代肉牛养殖业的高需求，在选择场址时要有发展的余地。肉牛场应选择地势高燥，且采光好的背风处，要求地下水位较低，地势要求最好有缓坡，北高南低，利于排水，总体较为平坦。不可以将牛场建立在风口、低凹处，否则会出现汛期排水困难、寒冷季节防寒困难的现象。肉牛场的选择对土质也有一定的要求，最好选择沙壤地。这样的土质通透性强，利于吸收雨水和尿液，不积水，并且不产生硬结，对清洁牛舍以及运动场都十分有利，最重要的是可以防止肢蹄病的发生。养牛场的附近还要有符合饮水标准的充足水源。

一、肉牛场的建设与环境问题

随着生产力和现代工业的发展，特别是绿色革命带来粮食产量的迅速增长，人民生活水平不断提高，对畜产品数量和质量有更高的需求。因此，根据不同地区的条件，因地制宜地调整畜牧业生产结构，以肉牛业替代耕牛生产，农牧结合，粮食合理转化，秸秆利用，必将提上日程，建立和发展一项新事业。人们在长期的、痛苦的经验教训中，已清楚地认识到生产活动对环境、环境污染产生的问题，最终会危害人类自己。

因此，在从事绿色畜产品生产时，场址要求选在环境质量符合绿色食品生产要求的地方。在建设肉牛场时，利用现代科学技术，充分发挥可更新自然资源优势，合理、多层次地利用，使肉牛生产成为少投入，多产出，不污染，经济效益、社会效益和生态效益都得益的良性循环产业。

二、养牛场选址的原则

选择在方形地块，具有缓坡坡度，且高燥、背风向阳、地下水位 3 米以下的地方建牛场，沙壤地块最为理想，透水性强、导热性小，雨水、尿液不易积聚，雨后不会产生硬结，建牛场不占用基本农田；距铁路、高速公路、交通干线不小于 1000 米，位于居民区及公共建筑群常年主导风向的下风向处；牛场附近需要水源充足、交通方便。

（一）牛场的位置

场址选择应根据交通、饲料供应、城市环境的交叉污染、城市建设发展规划等影响因素综合考虑。一般选在离饲料生产基地和放牧地较近、交通便利、供电方便的地方，但要远离交通

要道、工厂、住宅区，一般要求距离 500 米以上。避开水源、土壤、空气受到污染的地区，以利防疫和环境卫生。

（二）场地要求

牛场应修建在地势高燥、背风向阳、空气流通、土质坚实、地下水位低、排水良好、具有缓坡的开阔平坦地方。土质最好是沙性土壤，便于透水、透气。若在山区建场，宜选在向阳缓坡地带，坡度应小于 15%。平原沼泽一带的低洼地、丘陵山区的峡谷，由于光照不足、空气流通不畅、潮湿阴冷，不利于牛体健康和正常生产作业，也会缩短牛场的使用年限。高山山顶虽然地势高燥，但风势大，气温变化剧烈，交通运输也不方便。因此，这些地方都不宜建设牛场。

（三）用水、用电要求

每头成年牛每天需要保证有 130~190 升的饮用水，饮用水的高峰一般都在采食后的一段时间内。因此，牛场场址应选在有充足良好水源之处，以保证常年用水，取用方便。同时，要注意水中的微量元素成分与含量，特别是工业污染、微生物及寄生虫的污染程度，应符合《无公害食品：畜禽饮用水水质》。通常井水、泉水等地下水的水质较好，而溪、河、湖、塘等地面水，则应尽可能地经过净化处理达到国家标准后再用，并要保持水源周围的清洁卫生。

牛场要有可靠的供电保障，电力系统要接入三相电，方便使用电力机械。

（四）空间要求

在建场之前，需要充分考虑布局要求和栋舍间距的要求。牛场一般要求栋舍间距在 12 米以上、防雪间距在 15 米以上、防火间距在 25 米以上。另外，还可能需要更大的空间以保证在机械通风条件下风机的正常通风。

三、环境对肉牛养殖的影响

肉牛养殖生产要想获得较为理想的育肥效果，获得最佳的养殖经济效益，需要注意的问题有很多，但是往往有一个非常重要的问题容易被忽略，就是养殖环境。实际上，养殖环境与肉牛养殖生产有着极为密切的关系，对于育肥效果也有重要的影响作用。了解环境因素对肉牛养殖的影响，合理改善肉牛的养殖环境，对于提高肉牛的育肥效果，提高肉牛的生产性能起到关键性的作用。肉牛的养殖环境因素主要包括场址和牛场的建设、环境温度、相对温度、空气质量、光照、环境卫生等，要合理地控制这些环境因素，如果这些环境因素不适合肉牛的生长发育和生产，不但会影响生产性能，还会降低肉牛的抗病能力，造成较为严重的损失。

（一）牛场的选址和建设

牛场的选址和建设工作对于肉牛养殖非常重要，会直接影响到养殖环境的其他因素，如果牛场的选址和牛舍的设计及建设不合理，则不利于日常的饲养管理，因此，做好牛场的选址和建设工作，首先牛场的地址选择应综合考虑交通、周边的建设、污染、饲料的供应等因素，应选择在交通便利，但是远离交通要道、工厂、住宅，要求距离不能低于 500 米，以免周边的环境受到污染，并且利于防疫。在建设牛场时要注意选择地势高燥、背风向阳、通风良好、水源充足、排水良好的平坦地方。光照不足、空气流通不畅的地点则不利于肉牛的健康和正常的生产。此外，还要注意牛场应建设在水源充足、供电良好的地方，以免出现断水、断电的现象，影响肉牛养殖生产。在建场前需要对牛场进行合理的设计，要求布局合理，牛舍的面积要与养殖规模相适应，并且要符合防疫和防火的要求。

（二）环境温度

牛是恒温动作，只有当牛体产生的热量与散热达到平衡时才能保持良好的健康水平，并且保持较好的生产性能，如果外界的环境温度过高，或者过低都对于肉牛的生产性能和健康不利。如果环境温度过高，则会导致牛体产生的热量无法很好地散发出去，从而使肉牛发生热应激反应，肉牛的生理机能会发生紊乱，影响了肉牛的健康和生产性能，使增重速度减慢；而环境温度过低时，则对饲料的消耗率降低，则需要摄入更多的能量用于维持体温，会影响育肥效果，造成饲料的浪费。因此，要控制好养殖环境的温度，肉牛的最适宜温度是在 5~15℃。夏季当环境温度超过 25℃时就需要采取有效的措施控制牛舍的温度，可以通过搭建凉棚、在牛舍内安装强制通风装置来加快空气流通速度，如果环境温度过高时还可以结合湿帘达到良好的降温效果。冬季则需要做好御寒的工作，牛舍的门窗可以安装棉帘，起到保温作用。

（三）相对湿度

有的养殖场认为相对湿度对肉牛的影响不大，因此常被忽略，实际上相对湿度对于肉牛的影响也很大。在温度适宜的情况下，相对湿度对肉牛的影响不大，但是如果温度不适宜，则会造成较大的影响，牛舍的温度主要与肉牛呼吸、饮水、牛舍、粪便等有关，在高温环境下，牛体的散热机能下降，而高湿会加剧高温对肉牛的不利影响，而当环境的温度过低时，高湿则会使牛舍的保温性能下降，易引起肉牛患感冒等呼吸系统疾病。如果牛舍过于干燥，则会使牛舍有大量的尘埃，而尘埃会附着大量的病菌，易引起肉牛患病。另外，潮湿环境还利于病原菌的滋生与繁殖，从而增加肉牛的患病率，因此，要控制好牛舍的相对湿度，一般保持在 60%~80% 为宜。

（四）空气质量

牛舍内粪污和剩料发酵、肉牛呼吸等产生大量的二氧化硫、二氧化碳、氨气、硫化氢等有害气体。当这些有害气体大量蓄积就会对肉牛产生较为严重的危害，肉牛会出现食欲变差、采食量下降、免疫力降低、抗病能力下降等问题，从而易患多种疾病，因此，控制牛舍的养殖环境，保持牛舍空气新鲜也非常重要。要保持牛舍的环境卫生，应及时地清理粪污和剩料，加强牛舍的通风换气力度，保持牛舍良好的空气流通，及时地将有害气体排出，保持牛舍的空气新鲜，冬季要注意控制好通风与保温之间的关系，但是也不能不通风，可以选择在中午温度较高的时段通风，同时可适当地提高舍内温度。

（五）光照

光照对于肉牛的生长发育和繁殖性能影响很大。合理的光照条件下肉牛的采食量增加，日增重也有所增加。如果肉牛在生长发育阶段光照不足，则会使生长发育受阻，还会影响到钙的吸收，不利于骨骼的发育，肉牛的免疫力会下降。另外，阳光中的紫外线对牛体还有杀菌的作

用，因此，在设计牛舍时要注意保证牛舍采光良好，在日常的管理过程中也要每天让肉牛出去运动，接受光照。

（六）环境卫生

肉牛在环境卫生条件较差的牛舍内生活不但会影响到舒适度，还会使肉牛的抗病能力下降，患病率增加。在肉牛配种、分娩时极易受到病菌的侵袭而感染病菌，患有生殖系统疾病，从而出现繁殖性能下降，另外，牛舍的卫生条件较差，还会导致舍内有害气体的浓度过高，同时对肉牛的健康不利。因此，要保持牛舍的环境卫生，做到清洁、干燥。要每天清扫牛舍，及时将粪污、剩料等污物清理干净，定期更换垫草垫料，保持干燥。对于牛舍以及舍内的设备、工具等也要定期清洗和消毒，彻底地将病菌杀灭，从而降低肉牛感染疾病的概率。

第二节　场地布局

建设肉牛场是为了给肉牛提供一个舒适的生活环境，以做到在保障肉牛健康的同时，促进其正常生长发育，达到良好的育肥效果，提高肉牛的生产性能。做到花费较少的资金、能源以及劳动力获得更多的畜产品，进而获得较高的经济效益。因此，肉牛场在建立前要做好肉牛场的设计工作，为肉牛创造一个适宜的环境，以达到促使肉牛的生产潜力充分发挥、提高饲料的利用率、促进肉牛育肥的目的。

一、肉牛场总体布局

肉牛场的建筑物主要包括各类办公室、宿舍、设备工具室、草料库及饲料加工车间、青贮池、牛舍、消毒室、泵房配电发电室和污物处理设等。与奶牛场建筑物相比，只是在生产区的建筑物有所差异，主要是不需要建设挤奶厅，牛舍的种类只需要建设育肥舍、新进牛观察（要是不隔离）舍和病牛隔离舍。肉牛场总体布局也需要遵循便于生产、防疫，利于净污分离的原则。

一般新进牛隔离舍设计在下风向，但不应设计在场区中间位置，而是选择一边或角设计，距育肥舍保持 50 米以上间距，有独立通往场外的道路（该通道亦可供育肥牛出售用），有独立的粪污处理设施。病牛隔离舍一般也建在下风向，可以与新进牛隔离舍平行排列，但要保持一定间距，并有独立通道和粪污处理设施，可靠近污水池和堆粪场，但要隔开。

饲料加工车间靠近育肥舍，并与管理区不远。青贮池和草库可建于育肥舍一侧，以保持牛舍清洁。药房和兽医室可建在下风向，但与污水池和堆粪场隔开。场区应设分牛系统，将各牛舍、地磅、装卸牛台与之相连，便于转群和称重。

二、牛场内建筑布局

肉牛养殖场内各种建筑物的配置要本着因地制宜和科学管理的原则，合理布局、统筹安排。应做到整齐、紧凑、节约基本建设投资、有利于整个生产过程和便于防疫，并注意防火安全。

（一）牛舍

建在牛场内中心，既要利于采光，又要便于防风。修建数栋牛舍时采取长轴平行配置，每栋牛舍间距 10 米左右。牛舍四周和场内舍与舍之间的道路在 2 米 ~3 米，道路两旁和牛场各建筑物四周应种植草坪或树木。

（二）饲料调制室

设在牛舍中央和水塔附近，距各栋牛舍都较近、运输饲料方便的地方。

（三）饲料库

要靠近饲料调制室，以便运输时直接到达饲料库门口。草垛应距牛舍 50 米以外，在下风向。青贮池、氨化池设在牛舍附近便于运送和取用的地方，严防舍内及运动场的污水渗入其中。

（四）管理区

设在牛场上风向，靠近大门或在牛场外，避免闲人随意进入场内。

（五）堆粪场和兽医室

设在牛舍下风向地势较低洼处。堆粪场和兽医室应距牛舍 100 米左右，病牛舍建在距牛舍 100 米以外的偏僻地方，避免疾病传染。

（六）式样

农村的牛舍以单列式和双列式为多。单列式牛舍内宽 4 米 ~4.5 米，南面敞开或半敞开，东、西、北墙有小窗，南面为运动场。双列式牛舍以双列对头或双尾式为主，牛舍内宽 7.5 米 ~8 米，东西有墙，南北留有矮墙、窗及出入运动场的门。

（七）水位

地下水位要低于 3 米，选择地势高、干燥、排水好、远离污染源及工厂等废水流经的地方。

（八）墙壁

砖墙厚 0.2 米 ~0.3 米，土墙厚 0.4 米 ~0.5 米，墙体要密致无缝；距地面 1 米以下抹水泥墙裙，以便冲洗、消毒。

（九）地基

深 0.8 米 ~1 米，灌浆要密致，地基与墙壁之间要有防潮层。

（十）顶棚

牛舍顶棚应距地面 3.5 米 ~3.8 米，四周抹严，隔热保温。

（十一）屋檐

屋檐距地面 2.8 米 ~3.2 米，宜于采光和通风。

（十二）牛舍窗

南面窗要大，每间（3.5 米跨度）1 个，尺寸为 1 米 ×1.2 米；北面窗宜小，尺寸为 0.8 米 ×1 米；窗台距地面 1.2 米 ~1.5 米。

（十三）牛舍门

牛舍门宽 2 米 ~2.5 米，高 2 米，不用门槛，最好设计成推拉门；每栋牛舍最好留两扇大门，便于人员出入；入口处设置消毒槽。

（十四）通风孔

单列式通风孔为 0.7 米 ×0.7 米，双列式通风孔为 0.9 米 ×0.9 米，每孔间距 3.5 米 ~5 米，且高于屋脊 0.5 米，可以自由启闭。

（十五）牛床

地面采用砖面或水泥面，坚固耐用，且便于清扫和消毒；育肥牛舍牛床长 1.8 米左右，宽 1.1 米 ~1.2 米；母牛舍牛床长 2 米左右，宽 1.2 米 ~1.4 米，牛床坡度为 2%，前高后低。牛床后面可根据地形留 1 米 ~1.2 米通道，以便打扫卫生。

（十六）颈链枷

颈链枷长 0.5 米 ~1.2 米，拴在牛槽上方、距地面 1.6 米 ~1.7 米的横杠上或牛槽内沿上一个直径为 0.05 米的铁环上。

（十七）尿沟和贮粪池

尿沟宽 0.3 米，坡度为 2%，通往舍外贮粪池；贮粪池离牛舍 10 米以上，容积根据每头成牛的粪便每月装满 0.3 立方米计算。

（十八）通道

通道双列式中间通道宽 1.5 米 ~2 米，单列式通道宽 1.2 米 ~1.5 米。

（十九）饲槽

饲槽以水泥和石槽为好，也可作为水槽。槽深 0.2 米，上宽 0.5 米，下宽 0.35 米，呈“U”形，槽外缘高（靠侧道一侧）0.6 米，内沿高（靠牛床）0.5 米。

（二十）运动场

运动场与牛舍墙紧密相连，面积按成年牛每头 15 平方米 ~18 平方米、育成牛 10 平方米 ~15 平方米、犊牛 5 平方米 ~10 平方米计算，运动场围栏用砖墙砌成，要求结实，高 1.5 米左右，坡度为 1%，以便排水；夏季也可搭建凉棚。

第三节　牛舍的建设

现代化标准肉牛养殖场区的选址要符合当地政府行政规划政策，禁止在政府规定的禁养区建设肉牛养殖场区，禁止在居民生活区建设肉牛养殖场区，禁止在生活用水水源地建设肉牛养殖场区，肉牛养殖场区应建设在远离河道的地方，远离交通主干道的地方，远离村庄，可以选择在林场区人烟稀少的地方。选择好场区后，要按照现代化的标准进行建设，并利用现代化科学技术对肉牛进行饲养和管理，这样既可以增加肉牛的饲养量，又可以利用现代的科学技术节省人工成本，提高养殖场的经济效益。

一、建设计划

要根据建设牛场的资金能力和资源条件，合理规划养牛场，既要考虑正常运行，又要保证场地够用不浪费，还要确保有充足的牧草饲料资源。

（一）自然资源确定建设的规模

考虑当地的自然资源，特别是草料和饲料的资源是否充足，因为这些方面的因素影响着饲养规模的大小。在我国平原地带，饲草资源丰富，种植的玉米秸秆、小麦秸秆、花生秧、大豆秸秆等都是很好的饲草来源，在收获的季节及时收获来进行肉牛草料的氨化和青贮，以便在冬季草料不充足的时候得以补充。

（二）资金确定建设的规模

在资金方面，由于饲养肉牛前期投资较多，包括建设标准化的肉牛饲养圈舍、青贮池、粪污处理池、供电供水设施、饲料加工仓库、饲料加工机械、饲喂设备、粪污处理运输车、饲养人员生活区域的居住房、道路硬化路面以及办公区用房等，这些是一笔很大的投资。肉牛如果不是自繁自养，还需要从外地无疫区采购育肥牛，每头犊牛的投资要 8000 元左右，每头繁殖母牛的采购也要 15000 元左右，再加上运输成本等，应周全考虑资金的使用安排情况，一般情况下要本着节约成本的原则。饲养达到一定规模后要采取自繁自养的原则来进行繁殖育肥犊牛，这样一方面可以节约饲养的成本，另一方面可以避免从疫区购买了病牛，从而给肉牛场区自繁自养的肉牛带来不必要的麻烦。

（三）肉牛圈舍的规划建设

为了给肉牛一个舒服安逸的生活生产环境，圈舍的选址建设应该建在地势相对较高，背风向阳的地方，土壤选择以沙质为好，土质松软，渗透水分能力强，雨水、尿液不容易积聚，特别是在夏季雨水季节，水容易排出，土壤也不容易板结，有利于圈舍及整个肉牛养殖场区的清洁、卫生、干燥，也有利于防止肉牛的腐蹄病以及其他疾病发生。肉牛饲养所需要的草料由于饲养用量大，所以建设圈舍的地方要离储存饲料的氨化青贮池以及加工饲料的车间和储存饲料的仓库近一些，这样可以使存取草料方便一些，既保证了草料的及时供应，又方便了饲养人员运输草料饲料的次数，这样带来的好处是运输的方便快捷，也减少了饲料草料的抛洒，节约了饲料。

肉牛养殖场区内圈舍建设一般要考虑一次投资、永久受益的原则，要考虑到圈舍的建设不至受到暴雨、暴雪的袭击而发生倒塌现象，所以，圈舍建设要采用坚固耐用的钢结构来进行地基围栏等结构的建设。根据场区的整体规划，可以把肉牛圈舍建成南北通透，中间是上料过道，采取肉牛对头方式饲养的双排肉牛饲养舍。这样带来的好处是可以方便左右给肉牛上料，

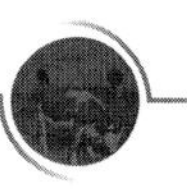

节省了饲养工人的运输饲料趟数。过道可以采取 2.5m 的距离，两边建设食槽，食槽可以使用水泥打制成外边稍高、肉牛吃草料的一边稍低，中间留有 0.5m 宽的燃料槽。在靠近里面的地方要同时焊接好拴牛用的铁栏杆，以方便肉牛在饲喂的同时进行治疗的固定工作。牛与牛之间的距离以及栓绳的长度，距离 1m 为好，因为要考虑到牛的躺卧休息，以牛与牛之间不发生相互挤压为宜。牛舍内的地面要采取稍微倾斜式的水泥地面，水泥地面不要全平形式，要有花纹条形，这样方便牛的站立、躺卧，而不至由于尿液而发生滑倒现象。牛后面要预留 2.5m 宽的清理粪便的通道，要挖 0.5m 的下水道，方便尿液的冲洗，收集到粪污处理池内，从而利用粪便及收集的尿液生产沼气。

这些附属设施都建成后，就要做两边水泥墙的垒砌工作了。水泥墙的高度 0.8m 为宜，在水泥墙上面要固定安装钢结构，立柱用的钢结构要采取槽钢样式，这样坚固耐用，承重力大。轻钢结构采取屋脊形式向两边倾斜，牛舍跨度为 20m，下檐高为 4m，屋脊的高度为 6m，中间利用钢结构加以固定，在水泥墙中间每隔 10m 要安装有紧固钢结构的钢槽，这样为以后安装防风、防寒的玻璃窗户做准备。夏季天气炎热，可以把玻璃卸掉，安装防蚊子和苍蝇的窗纱，有利于通风换气，可以消除整个牛舍内产生的异味。冬季可以利用玻璃来防风、防寒，同时太阳的直接照射可以使整个牛群圈舍内的温度得以提升，保持肉牛的身体温度。在每个食槽边要安装一个自动让肉牛饮水的放水管，一方面可以给肉牛提供饮水，另一方面可以冲洗食槽，避免污垢的积淀。到了冬季要给牛提供温度适宜的饮水，可以在圈舍旁边安装供应整个肉牛群饮水的太阳能，达到一定的温度就可以给肉牛提供饮水。这样可以防止肉牛由于冬天饮用凉水而发生疾病，保障了肉牛的体质健康。

二、建设标准

无论是养殖育肥牛，还是养殖能繁殖母牛，都要考虑到通风、保暖和排湿。牛舍要保证冬暖夏凉，向阳干净，冬季要保暖，牛舍、门窗四壁要严密，但要留有通风孔，严防潮湿，舍温保持在 6℃以上。夏天舍内要通风良好，舍温不宜超过 20℃。牛舍可修建简易舍，夏季开放，冬季可盖上塑料布保温。

（一）牛舍

牛舍建筑，要根据当地的气温变化和牛场生产、用途等因素来确定。建牛舍因陋就简，就地取材，经济实用，还要符合兽医卫生要求，做到科学合理。有条件的，可建质量好的、经久耐用的牛舍。牛舍以坐北朝南或朝东南好。牛舍要有一定数量和大小的窗户，以保证太阳光线充足和空气流通。房顶有一定厚度，隔热保温性能好。

1. 牛舍三种常见类型

目前牛舍的类型一般分三种，半开放式牛舍、塑料暖棚牛舍、封闭牛舍，三种各有特点。第一种比较适合南方地区，毕竟南方相对温暖，后面两种比较适合北方地区，北方在养殖方面温度一直是个需要解决的问题，半开放式牛舍养殖数量控制在 20 头以内，后面两种在数十至一百头。

半开放式牛舍的建造价格低廉，适合小规模养殖。其样式大体呈现为向阳的一面为露天状态，一半左右的区域搭建棚顶，总体用围栏围绕起来。牛散放其中，水槽与料槽置于棚底。这样的优点在于投资小、管理要求低。但是对于寒冷防御效果很差。

塑料暖棚牛舍其造价和讲究多。其三面需要搭建围墙，防止漏风，向阳一面的墙无需健全，留下一半左右用于采光，可以用聚氯乙烯此类高透光性的塑料封盖，以此达到保温效果。牛舍应呈现坐北朝南，牛舍附近 20 米左右不适合有较高的物体，以免遮挡阳光。水槽与料槽靠近走廊地带，料槽一般高于地面 20 厘米，一米宽。粪沟一定要处于方便清理的地方。

封闭牛舍是对通风口要求的一种。其呈现全封闭式，温度主要靠通风口控制。舍内可安置一定量的织光灯和日光灯，织光灯可以用来提升温度。其中的牛床需要略高于地面，可以用土质地面，这样保温效果较好。其他方面和塑料暖棚牛舍类似。

2. 牛舍建造规格要求

母牛舍采食位和卧栏的比例以 1∶1 为宜，每头牛占面积 8~10 平方米。运动场面积 20~25 平方米。畜舍单列式跨度建议 7 米，双列式 12 米。长度根据实际情况决定，不超过 100 米。排污沟向沉积池方向有 1%~1.5% 的坡度。

产房每头犊牛占牛舍面积 2 平方米，每头母牛占 8~10 平方米，运动场面积 20~25 平方米。可选用 3.6 米产栏。地面铺设稻草类垫料，以加强保温和提高牛只舒适度。

犊牛舍每头犊牛面积 3~4 平方米，运动面积 5~10 平方米。地面应干燥，易排水。

育成牛舍卧栏尺寸和母牛舍不同，其他基本一致，每头牛占面积 4~6 平方米，运动场面积 10~15 平方米。

育肥牛舍根据育肥目的不同，可分为普通育肥和高档育肥。拴系饲养牛位宽 1~1.2 米，小群饲喂每头牛占地 6~8 平方米，运动场 15~20 平方米。

隔离牛舍是对新购入牛只或生病牛进行隔离观察、诊断、治疗的牛舍。建筑与普通牛舍基本一致，通常采用拴系饲养，舍内不设专门卧栏，以便清理消毒。

牛舍地面通常舍内地面高于舍外 20~30 毫米。地面要求坚实，足以承受牛只和设备的载荷和摩擦力，既不会磨伤牛蹄，又不会打滑。根据用途不同，牛行走区域地面多采用混凝土拉毛、凹槽或立砖地面，躺卧区多采用沙土或橡胶垫地面，运动场多选用沙土或立砖地面。牛场常用混凝土地面：底层粗土夯实，中间层为 300 毫米厚粗砂石垫层，表层为 100 毫米厚 C20 混凝土，表层采用凹槽防滑，深度 1 厘米，间隔 3~5 厘米。

运动场设围栏，包括横栏与栏柱，栏杆高 1.2~1.5 米，栏杆间隔 1.5~2.0 米，柱脚水泥包裹，运动场地面最好是沙土和三合土地面，向外有一定坡度用于排水。运动场边设饮水槽，日照强烈地区应在运动场内设凉棚。

3. 牛舍的基本建筑

（1）地基

用石块或砖砌地基深 80~100 厘米。地基与墙壁之间要有油毡绝缘防潮层。

（2）墙壁

砖墙厚 50 厘米，从地面算起应抹 100 厘米高的墙裙。如用土胚墙、土打墙等，从地面算起应砌 100 厘米高的石墙基础。牛舍墙壁要求坚固结实、抗震、防水、防火，并具备良好的保

温与隔热特性，要便于清洗和消毒。一般多采用砖墙并用石灰粉刷。土墙造价低、投资少，但不耐久。

（3）屋顶

主要作用是防雨水和风沙侵入，隔绝太阳辐射，顶棚距地面为350~380厘米。要求质轻、坚固耐用、防水、防火、隔热保温，并能抵抗雨雪、强风等外力因素。北方寒冷地区，顶棚应用导热性低和保温的材料。南方则要求防暑、防雨并通风良好。

（4）屋檐

屋檐距地面为280~320厘米。屋檐和顶棚太高，不利于保温；过低则影响舍内光照和通风。可视各地温度而定。

（5）地面

牛舍地面要求致密坚实，不硬不滑，温暖有弹性，便于清洗消毒。地面质量的好坏，关系着舍内的卫生状况。地面主要用来设置牛床、中央通道、饲料通道，饲槽，颈枷，粪尿沟等。大多数地面采用水泥，其优点是坚实，易清洗消毒，导热性强，夏季有利于散热，缺点是缺乏弹性，冬季保温性差。

（6）门

牛舍的大门应坚实牢固，不用门槛，最好设置推拉门，门高不低于2米，宽2.2~2.4米，坐南朝北的牛舍东西门对着中央通道，百头成年牛舍通到运动场的门不少于2个，牛舍门应向外开或靠墙壁推拉，以便于牛只进出、饲料运送、清除粪便等。门上不应有尖锐突出物，靠地面不应设台阶和门槛。

（7）窗

主要用来通风换气和采光。一般南窗应较多、较大（100厘米 ×120厘米），北窗则宜少、较小（80厘米 ×100厘米）。窗户越大越有利于采光，但冬季在严寒地区应注意增加保温措施，安装双层玻璃或挂暖帘。窗户面积与舍内地面面积之比，成年牛舍为1：12，小牛舍为1：（10~14）。窗台距地面高度为120~140厘米，便于开关窗户，夏季打开窗户通风时，风可吹到牛体，并可使舍内下层空气流通，有利于保持地面干燥。窗扇最好装成推拉式，既有利于调节通风量，又可防止夜间大风吹坏窗扇。

（8）卷帘或滑拉窗

卷帘是现代牛舍的主要特点，通风效果好、造价低。寒冷地区散栏牛舍如果不带运动场，即牛终生都在牛舍中，那么使用卷帘也很好。若牛场建在山谷口，风特别大的地方，也许不适合。一般来说在我国华北地区以及大部分东北、西北地区的牛舍都可以广泛采用卷帘系统。

单个卷帘的开启高度可以为0.80米、1.10米、1.35米、1.50米、1.75米、1.90米、2.00米、2.37米、2.50米、2.70米。双卷帘系统可以开启的高度为3.12米、3.62米、3.92米、4.00米、5.00米。卷膜可以是PE膜，也可以是PVC膜。卷动系统可以是手动，也可以是电动的。每个卷帘的长度可以为50米或100米。

滑拉窗适用于因风大不适合使用卷帘的地区，滑拉窗是采用阳光板代替玻璃的整体可上下移动的窗户。阳光板的尺寸有210厘米 ×600厘米、210厘米 ×300厘米、122厘米 ×600厘米、122 厘米 ×300 厘米几种规格。即每块长度为 3 米或 6 米，高度为 1.22 米或 2.1 米，厚度有 10 毫米和 16 毫米两种规格。

卷帘和滑拉窗增强了通风和透光问题，但不利于防止害虫的侵害。为了防止苍蝇、蚊子等有害昆虫对牛的骚扰和侵害，牛舍建筑应同时考虑防止虫害的功能。对于墙式建筑可在窗或门外安装纱网阻挡蚊蝇等害虫；对于卷帘和滑拉窗式的建筑，在设计卷帘或滑拉窗的同时要考虑安装纱帘，起到阻挡害虫的作用，房顶有通风装置的地方也要考虑防虫问题。

（9）通风屋脊。通风屋脊的采用也是现代散栏牛舍的常用方式，是充分利用自然通风创造良好牛舍内环境的重要手段。通风屋脊的材料用的也是阳光板。阳光板的厚度主要是 10 毫米和 16 毫米两种规格，个别情况下也有 6 毫米厚的。屋脊通风的宽度应按照牛舍跨度每 3 米设 5 厘米宽的顶通风口来计算，因此 27 米成年母牛散栏牛舍其通风屋脊的净宽度应为 45 厘米。

（10）其他

牛舍间的饲料道的宽度根据饲料分发设备而设计，对于采用或可能采用全混合日粮饲喂方式牛场，应该适当加宽以适合 TMR 日粮车的进出。对尾式牛舍中间通道表面有约 1% 的横向坡度（坡向粪尿沟），利于冲洗清洁，通道表面要做防滑处理。

牛舍修建要尽量利用自然界的有利条件（如自然通风，自然光照等），尽量就地取材，采用当地建筑施工习惯，适当减少附属用房面积。

（二）肉牛场辅助性建筑与设施

肉牛场辅助性建筑包括运动场、草库、饲料库、青贮设施、消毒池等。这部分建筑应位于地势较高、排水通畅、地下水位低的地方。

1. 运动场

这是肉牛活动、休息、饮水和采食的地方。一般育肥牛不需要运动场。但种牛、育成牛和犊牛应设运动场。运动场多设在两舍间的空余地带，四周用栅栏围起，其长度应以牛舍长度一致对齐为宜，其宽度可按每头牛应占面积计算：成年牛 15~20 平方米、育成牛 10~15 平方米、犊牛 5~10 平方米。将牛散放其内。运动场的围栏高：成年牛 1.2 米、犊牛 1.0 米，埋入地下 0.5 米以上。立柱为水泥柱，间隔 2~3 米，横栏为废旧钢管、木杠，横栏间隙 0.3~0.4 米。运动场的地面应平坦、坚硬，有一定坡度，以利于排水，以三合土为宜。在运动场内设置补饲槽和水槽。补饲槽和水槽应设置在运动场一侧，饮水槽的尺寸：长 3~4 米，上宽 70 厘米，槽底宽 40 厘米，槽高 40~70 厘米。每 25~40 头应有一个饮水槽。

2. 草库

草库的大小根据饲养规模、粗饲料的贮存方式、日粮的精粗比和容重等确定。一般情况下，切碎玉米秸秆的容重 50 千克 / 立方米，在已知容重的情况下，结合饲养规模、采食量大小，做出对草库大小的粗略估计。用于贮存切碎粗饲料的草库应建在地势较高处，为 5~6 米高，草库的窗户距地面至少 4 米，用切碎机切碎后直接喷入草库内贮存。草库应设防火门。外墙上设有消防用具。草库距下风向建筑物的距离应大于 50 米。

3. 饲料库

包括原料库、成品库和饲料加工间。原料库的大小应能贮存肉牛场 10~30 天所需的各种原料，成品库可略小于原料库。库房内应宽敞、干燥、通风良好。室内地面应高出室外 30~50 厘米，地面以水泥地面为宜，房顶要具有良好的隔热、防水性能，窗户要高，门窗要注意防鼠，整体建筑注意防火等。

4. 青贮设施

青贮饲料是肉牛的一种良好的粗饲料，一般占日粮干物质的 50% 左右，用量很大。制作青贮饲料需在青贮容器内进行，青贮容器主要有青贮塔和青贮窖。在我国广泛采用的是青贮窖，窖址应选在地势高燥、土质坚硬、地下水位低、靠近牛舍、远离水源和粪坑的地方。青贮窖宜修成永久性建筑，即采用砖石或混凝土结构，不可建成不耐久、原料易霉变的土窖。小型肉牛场宜建圆形窖，直径与深度之比为 1∶1.5；大型肉牛场宜建长方形窖。四壁呈 95° 倾斜，即窖底尺寸稍小于窖口，窖深 2~3 米为宜。一般情况下，青贮玉米秸秆的容重为 450~500 千克/立方米，可根据成年育肥牛每千克体重每天饲喂量 5 千克来粗略估算所需青贮窖的大小。

5. 消毒池

一般在牛场或生产区入口处，便于人员和车辆通过时消毒。消毒池常用钢筋水泥浇筑，供车辆通行的消毒池，长 4 米、宽 3 米、深 0.1 米；人员往来在场门两侧应设紫外线消毒走道，供人员通行的消毒池，长 2.5 米、宽 1.5 米、深 0.05 米。池内铺上麻袋或草袋、草帘，并用 5% 的火碱水浸透，消毒液应维持有效。圈舍门口的消毒池与牛场门口人员进出处的消毒池相同，人员进出圈舍时，在池内踏步不少于 5 次。

第三章　肉牛品种与引种

第一节　主要引进品种

一、西门塔尔牛

西门塔尔牛原产于瑞士阿尔卑斯山区，由于西门塔尔牛产乳量高，产肉性能也并不比专门化肉牛品种差，役用性能也很好，是乳、肉、役兼用的大型品种。西门塔尔牛在引进我国后很受欢迎。

图 3–1　西门塔尔牛

（一）产地及分布

西门塔尔牛原产于瑞士的阿尔卑斯山区，主要产地为西门塔尔平原和美索不达米亚平原。在法国、德国、奥地利等国家边临地区也有分布。西门塔尔牛现有 30 多个国家饲养，总头数 4000 多万，已成为世界上分布最广、数量最多的乳、肉、役兼用品种之一。目前，我国饲养的西门塔尔牛有瑞系、德系、苏系、奥系、加系、法系等，分布在黑龙江、内蒙古、河北等 22 个省、自治区。

（二）外貌特征

西门塔尔牛为大型牛种，骨骼粗壮结实、嘴宽、眼大、角细致。前、后躯发育良好，体躯深，背腰长宽而平直，臀部宽平，四肢粗壮，蹄圆厚。乳房发育中等，泌乳力强。被毛多为黄白花和红白花，头尾和四肢为白色。

（三）适应性能

我国西门塔尔牛的培育具有明显的地域特点，分为平原、草原及山地三个主要种群，其中平原西门塔尔牛个体最大、长势最快（代表：吉林西门塔尔牛），草原西门塔尔牛次之（代表：内蒙西门塔尔牛），山地西门塔尔牛最差（代表：四川西门塔尔牛），不过西门塔尔牛个体越大、长势越快，其适应性能越差，对饲养管理技术的要求较高。

（四）生产与繁殖

西门塔尔牛乳、肉用性能均较好，平均产奶量为 4070 千克，乳脂率 3.9%。在欧洲良种登记牛中，年产奶 4540 千克者约占 20%。该牛生长速度较快，均日增重可达 1.35~1.45 千克，生长速度与其他大型肉用品种相近。胴体肉多，脂肪少而分布均匀，公牛育肥后屠宰率可达 65% 左右。成年母牛难产率低，适应性强，耐粗放管理。总之，该牛是兼具奶牛和肉牛特点的典型品种。

（五）产肉性能

西门塔尔牛公犊 6 月龄断奶体重可达 200 千克，再经过 10 个月的育肥便可以出栏，饲养管理得当的情况下整个育肥期平均日增重可达 1.5 千克左右。公犊育肥后屠宰率可达 65%，净肉率可达 50%，肉质细嫩，脂肪少且分布均匀，产肉性能总的来说并不比专门化肉用牛品种差。

肉的营养价值高：肉牛蛋白质含量高达 9.5%，而且人食用后的消化率高达 90%。牛肉脂肪能提供大量的热能。牛肉的矿物质含量是猪肉的 2 倍以上。所以牛肉长期以来备受消费者的青睐。肉品等级高：西门塔尔牛的牛肉等级明显高于普通牛肉。肉色鲜红、纹理细致、富有弹性、大理石花纹适中、脂肪色泽为白色或带淡黄色、脂肪质地有较高的硬度、胴体体表脂肪覆盖率 100%。普通的牛肉很难达到这个标准。

（六）西门塔尔牛的注意事项

西门塔尔牛犊喂料过早或过晚，对其生长发育和健康都不利。实践证明，牛犊 3 周龄开始喂给草料最为适宜。此时开始喂鲜嫩的青草、野菜、优质干青草、粉碎的精饲料等，并随着周龄的增长增加喂量及粗饲料的数量，既可避免引起疾病，又可使前胃发育加快，促进瘤胃内微生物和纤毛虫的繁殖，使其消化饲草和饲料的功能逐渐加强，为牛以后采食大量的粗饲料，长大个、多增重打下良好基础。

二、安格斯牛

安格斯牛具有良好的肉用性能，被认为是世界上专门化肉牛品种中的典型品种之一，表现早熟、胴体品质高、出肉多。

图 3-2　安格斯牛

（一）品种来源

安格斯牛原产于苏格兰东北部的阿伯丁、安格斯、金卡丁等郡，并因此得名。与英国的卷毛加罗韦牛亲缘关系密切。目前分布于世界各地，是英国、美国、加拿大、新西兰和阿根廷等国的主要牛种之一，在澳大利亚、南非、巴西、丹麦、挪威、瑞典、西班牙、德国等国有一定的数量分布。

（二）特征特性

安格斯牛以被毛黑色和无角为其重要特征，故也称其为无角黑牛。部分牛只腹下、脐部和乳房部有白斑，其出现率约占 40%，不作为品种缺陷。红色安格斯牛被毛红色，与黑色安格斯牛在体躯结构和生产性能方面没有大的差异。安格斯牛体形较小，体躯低矮，体质紧凑、结实。头小而方正，头额部宽而额顶突起，眼圆大而明亮，灵活有神。嘴宽阔，口裂较深，上下唇整齐，鼻梁正直，鼻孔较大，鼻镜较宽，颜色为黑色。颈中等长且较厚，垂皮明显，背线平直，腰荐丰满，体躯宽深，呈圆筒状，四肢短而直，且两前肢、两后肢间距均较宽，体形呈长方形。全身肌肉丰满，体躯平滑丰润，腰和尻部肌肉发达，大腿肌肉延伸到飞节。皮肤松软，富弹性，被毛光亮滋润。

（三）生产性能

安格斯牛具有良好的肉用性能，被认为是世界上专门化肉牛品种中的典型品种之一。表现早熟，胴体品质高，出肉多。屠宰率一般为 60%~65%，哺乳期日增重 900~1000 克。育肥期日增重（1.5 岁以内）平均 0.7~0.9 千克。肌肉大理石纹很好。

优点：该牛适应性强，耐寒抗病。缺点：母牛稍具神经质。

（四）产肉性能

安格斯牛肉用性能良好，表现早熟易肥、饲料转化率高，被认为是世界上各种专门化肉

用品种中肉质最优秀的品种。安格斯牛胴体品质好、净肉率高、大理石花纹明显，屠宰率60%~65%。据2003年美国佛罗里达州的研究报告，3937头平均为14.5月龄的安格斯阉牛，育肥期日增重1.3千克 ±0.18千克，胴体重341.3千克 ±33.2千克，背膘厚1.42厘米 ±0.46厘米，眼肌面积76.13平方厘米 ±9平方厘米，育肥期饲料转化率每千克饲料5.7千克 ±0.7千克；骨骼较细，仅约占胴体重的12.5%。安格斯牛肉嫩度和风味很好，是世界上唯一用品种名称作为肉的品牌名称的肉牛品种。

（五）繁殖性能

安格斯牛母牛12月龄性成熟；发育良好的安格斯牛可在13~14月龄初配。头胎产犊年龄2~2.5岁，产犊间隔一般12个月左右，短于其他肉牛品种，产犊间隔在10~14个月的占87%。发情周期20天左右，发情持续期平均21小时；发情期受胎率78.4%，妊娠期280天左右。母牛连产性好、长寿，可利用到17~18岁。安格斯牛体形较小、初生重低，极少出现难产。

（六）品种特点

生长发育快，早熟，易肥育，易配种。

出肉率高，胴体品质好。12月龄屠宰牛的眼肌面积达32.5平方厘米；肉质呈大理石状。

对环境的适应性强。抗寒、抗病、耐粗饲；性情温和、无角，便于放牧管理。其中婆安格斯牛是婆罗门牛和安格斯牛育成的一个支种，以抗热闻名。

分娩难产率低。

该牛缺点是母牛稍有神经质，黑毛色也与我国大部分地区的牛种相差大。

三、夏洛莱牛

夏洛莱牛原产于法国中西部至东南部的夏洛莱省和涅夫勒地区，是举世闻名的大型肉牛品种之一，深受国际畜牧市场和消费者的欢迎，早已引种至世界许多国家。夏洛莱牛目前是我国主要引进的肉牛品种之一。

图3–3　夏洛莱牛

（一）品种特点

夏洛莱牛生长快、肉量多、体形大、耐粗饲、能适应各种气候地带，内陆气候、热带和亚热带灌木丛、半荒漠和沙漠地区均生长良好。干旱环境，不供水和饲料的条件下，与其他动物相比存活时间长。适合放牧，采食范围广，采食小树和灌木以及其他动物不吃的植物。野外高至 160 厘米的树叶和树皮，低至 10 厘米的牧草均可采食。夏洛莱牛抗病能力非常强，抗蓝舌病、肠毒血症和氢氰酸中毒等病症。但较易患腹泻及肺炎、感冒等病。

（二）外貌特征

夏洛莱牛头小且宽，角较长且圆，向前方伸展，角质蜡黄，胸宽深，颈粗短，肋骨方圆，背宽肉厚，体躯呈圆筒状，肌肉丰满，后臀肌肉很发达，并向后和侧面突出。被毛呈白色或乳白色是其最显著的特点，皮肤常有色斑。成年公牛平均为 1100~1200 千克，母牛 700~800 千克。

（三）生产性能

1. 肉用性能

夏洛莱牛在生产性能方面表现出的最显著特点是：生长速度快、瘦肉产量高。在良好的饲养条件下，夏洛莱牛生长发育快。初生重 40~60 千克，6 月龄体重 210~260 千克，12 月龄体重 320~380 千克，12 月龄内平均日增重 0.836 千克。公牛体重 440 千克时，育肥 4~6 个月，体重达 604 千克，日增重 1.22 千克，屠宰率 69%。

2. 营养价值

夏洛莱牛牛肉蛋白质含量达 8%~9.5%，而且人食用后的消化率高达 90%，能提供大量的热能，是猪肉的 2 倍以上，长期以来备受消费者的青睐。

3. 肉品等级

夏洛莱牛肉等级明显高于普通牛肉，肉色鲜红、纹理细致、富有弹性、大理石花纹适中、脂肪色泽为白色或带淡黄色、胴体体表脂肪覆盖率 100%，普通的牛很难达到这个标准。

（四）杂交性能

夏洛莱育肥牛养殖建议最好挑选夏洛莱牛杂交本地黄牛的一代犊牛，育肥牛月龄应严格控制，挑选活重 200 千克以上、6 月龄牛犊，育肥至 18~24 月龄、体重达到 500 千克以上者屠宰。

四、利木赞牛

利木赞牛是一种大型肉用品种牛，原产于法国，因为比较耐粗饲、生长快、胴体优质肉比较多，成了养殖户的热门选择，而且国内牛肉价格比较贵，能够给养殖户带来丰厚的利润。

图 3-4 利木赞牛

（一）利木赞牛的优点和缺点

众所周知，利木赞牛是肉牛中的好品种，优点有性情温顺、易于放牧、抵抗力强、适应性强、早熟、耐粗饲、母牛难产率低，一般其难产率为 0.5%。利木赞牛的竞争优势在于犊牛初生重较低、生长速度快、出肉率高，很适合生产小牛肉，在肉牛市场上很有竞争力。利木赞牛的缺点是毛色多、饲养技术难、价格高、体形以及生长形态存在一定差异。

养殖户在选择利木赞牛的时候，要注意肉牛的质量，千万不要贪图小利，选择品质差一些的，因为品质差的品种不但长势会慢，而且会出现各种疾病，影响肉牛生长。

（二）利木赞牛特性

利木赞牛的毛色为红色或黄色，四肢内侧毛色较浅。角为白色，体躯较长，后躯肌肉丰满，四肢粗短，公牛脚粗短向两侧生长。母牛角细，向前弯曲。一般成年的利木赞公牛体重可达 900~1100 千克，成年的利木赞母牛可达 700~800 千克，肉品质极好，细嫩味美，脂肪少，瘦肉多。利木赞犊牛断奶后，生长速度很快，日增重 1~1.5 千克，不过利木赞牛饲养难度大，在饲料的搭配上，需要使用蛋白质、无机盐和维生素相结合，才能产出高品质肉牛。利木赞母牛初次配种时间为 16—18 月龄，发情周期为 21 天，养殖户需要注意时间，及时完成配种繁殖。

至此，关于利木赞牛的介绍就到这里了，利木赞牛作为一种优良肉牛品种，不管是消费者还是养殖户都非常喜爱，是改良黄牛的理想品种。

（三）利木赞牛肉用特点

利木赞牛体格大、生长快、肌肉多、脂肪少；腿部肌肉发达，体躯呈圆筒状、脂肪少。早期生长速度快，并以产肉性能高、胴体瘦肉多而出名。在杂交利用或改良地方品种时的优秀父本。具有典型的肉用性能：不同的品种在体格、体形方面是不同的，这使肉牛的生长率、产肉量和胴体组成方面表现出较大差异。在育肥期利木赞牛平均日增重 1.5~2 千克，12 月龄可达 680~790 千克。而地方品种日增重仅有 0.9~1.0 千克，可见差距之大。

肉的营养价值高：蛋白质含量高达 9.5%，而且人食用后的消化率高达 90%。能提供大量的热能，是猪肉的 2 倍以上。所以该牛肉长期以来备受消费者的青睐。

肉品等级高：利木赞牛肉等级明显高于普通牛肉。肉色鲜红、纹理细致、富有弹性、大理石花纹适中、脂肪色泽为白色或带淡黄色、胴体体表脂肪覆盖率 100%。普通的牛很难达到这个标准。

五、其他引入肉牛

其他在中国用于杂交的境外肉牛品种还有海福特牛、短角牛、皮埃蒙特牛以及瘤牛等。

（一）海福特牛

海福特牛是英国最古老的早熟中型肉牛品种之一，原产于英格兰岛，以该岛西部的威尔士地区的海福特郡及牛津郡等地最为集中。

图 3–5　海福特牛

1. 形态特征

体格较小，骨骼纤细，具有典型的肉用体型：头短，额宽；角向两侧平展且微向前下方弯曲，母牛角前端也有向下弯曲的。颈粗短垂肉发达，躯干呈矩形，四肢短，毛色主要为浓淡不同的红色，并具有六白（即头、四肢下部、腹下部、颈部、鬐甲和尾帚出现白色）的品种特征。角蜡黄色。

2. 生活习性

犊牛初生重，公为 34 千克，母为 32 千克；12 个月龄体重达 400 千克，平均日增重 1 千克以上。成年体重，公牛为 500~550 千克，母牛为 600~750 千克。出生后 400 天屠宰时，屠宰

率为 60%~65%，净肉率达 57%。肉质细嫩，味道鲜美，肌纤维间沉积脂肪丰富，肉呈大理石状。海福特牛具有体质强壮、较耐粗饲、适于放牧饲养、产肉率高等特点，在我国饲养的效果也很好。哺乳期日增重，公为 1.14 千克，母为 0.89 千克；7~12 个月龄日增重，公牛为 0.98 千克，母牛为 0.85 千克。用海福特牛改良本地黄牛，也取得初步成效。

3. 生长繁殖

繁殖力高。小母牛 6 月龄开始发情，育成母牛 18~90 月龄、体重 600 千克开始配种。发情周期 21（18~23）d，发情持续期 12~36h。妊娠期平均为 277（260~290）d。公牛体重大，但爬跨灵活，利用性能良好。

4. 栖息环境

海福特牛性情温驯，合群性强。据黑龙江省畜牧研究所几年来试验测定，气温在 17~35℃时，海福特牛的呼吸频率随气温的升高而加快，反之，则下降，成强的正相关。说明耐热性较差，而抗寒性强。

海福特牛具有结实的体质，耐粗饲，不挑饲料。放牧时连续采食，日纯采食时间可达 79.3%，而本地牛仅为 67%，采食量 35 千克，本地牛仅 21.2 千克，海福特牛很少患病，但易患裂蹄病和蹄角质增生病。

（二）短角牛

短角牛原产于英格兰的诺森伯兰、德拉姆、约克和林肯等郡。它是在十八世纪，用当地的提兹河牛、达勒姆牛与荷兰中等品种杂交育成的。因该品种牛是由当地土种长角牛经改良而来，角较其短小，故取其相对的名称而称为短角牛。

图 3-6　短角牛

1. 外貌特征

背毛卷曲，多数呈紫红色，红白花其次，沙毛较少，个别全白。大部分都有角，角外伸、稍向内弯、大小不一，母牛较细。公牛头短而宽，颈短粗厚。胸宽而深，肋骨开张良好，鬐甲宽平，腹部呈圆筒形，背线直，背腰宽平。尻部方正丰满，荐部长而宽；四肢短，肢间距离宽；垂皮发达。乳房发育适度，乳头分布较均匀，偏向乳肉兼用型，性情温驯。

2. 产地分布

短角牛的培育始于 16 世纪末 17 世纪初，最初只强调育肥，20 世纪初，经培育的短角牛已是世界闻名的肉牛良种了。1950 年，随着世界奶牛业的发展，短角牛中一部分又向乳用方向选育，于是逐渐形成了近代短角牛的两种类型：肌肉用短角牛和乳肉兼用型短角牛。世界各国都有短角牛的分布，以美国、澳大利亚、新西兰、日本和欧洲各国饲养较多。

3. 生产性能

短角牛对中国的自然环境条件的风土驯化很快，适应性良好。特别是对于内蒙古高原草原地区的干燥寒冷的自然环境表现出强大的适应能力，同时具有适宜草原地区放牧饲养的优良特性。几年来，短角牛产奶量不断提高，生长发育迅速，体质强健，发病率少，所有这些情况都证明了短角牛确已适应了中国。

兼用品种成年公牛体重约 1000 千克，母牛 600~750 千克。年产乳 3000~4000 千克，乳脂率 3.9% 左右。肉用种体重较大，体质强健，早熟易肥。肉质肥美，屠宰率可达 65%~72%。

4. 杂交改良

短角牛的杂交效果非常好，例如，丹麦红牛、中国草原红牛、日本短角牛、美国圣格鲁迪牛、澳大利亚瑞黑牛等品种都有短角牛的基因。我国自 1920 年前后到新中国成立后，曾多次引入，主要分布于内蒙古自治区赤峰的巴林右旗短角牛场、翁牛特旗海金山种牛场、阿鲁科尔沁旗的道德牧场；乌兰察布的江岸牧场；呼和浩特大黑河奶牛场；驻内蒙古的山东省畜牧局牛羊养殖基地的分场等地。在东北、内蒙古等地改良当地黄牛，普遍反映杂种牛毛色紫红、体形改善、体格加大、产乳量提高，杂种优势明显。尤其值得一提的是新中国成立后我国育成的乳肉兼用型新品种——草原红牛，就是用乳用短角牛同吉林、河北和内蒙古等地的七种黄牛杂交而选育成功的。其乳肉性能都取得全面提高，表现出了很好的杂交改良效果。

云南省肉牛生产杂交改良技术路线就是以本地黄牛为母本，西门塔尔牛为第一父本级杂交三代，获得西 × 本三代杂交母牛（各代母牛经过严格选育才能作为母本，公牛全部淘汰），再用短角牛或安格牛作为第二父本（终端父本）与西 × 本三代杂交母牛杂交一次，所获得无论是公、母牛全部育肥作为肉用商品牛出栏。

（三）皮埃蒙特牛

皮埃蒙特牛原产于意大利，为乳肉兼用型品种。外形特点：皮埃蒙特牛在毛色上具有明显的年龄和性别特征。犊牛为乳黄色；成年公牛颈部为黑色，其余部位为白色；成年母牛为白色。

图 3-7　皮埃蒙特牛

1. 地理分布

皮埃蒙特牛因具有双肌肉基因，已被世界 20 多个国家广泛引进用作终端父本，用于杂交改良。我国以河南为代表的 10 余个省、市得以广泛推广应用。

2. 外貌特征

皮埃蒙特牛现已从役用改为肉乳兼用，被毛白晕色。公牛性成熟时颈部、眼圈和四肢下部均为黑色。母牛全身白色，个别眼圈、耳廓四周呈黑色。角形为平出微前弯，角尖黑色。体形大，体躯呈圆筒形，肌肉高度发达。

犊牛从出生到断奶被毛为浅黄色，4—6 月龄时胎毛褪去后呈成年牛毛色。各年龄段的公母牛在鼻镜部、蹄和尾帚部均呈黑色。性成熟时公牛颈部、眼圈和四肢下部为黑色，母牛全部为白色，个别牛眼圈、耳廓四周为黑色。皮埃蒙特牛角形为平出微前弯，角尖黑色。

3. 生产性能

皮埃蒙特牛特别适合精养，公牛成年体重可达 800 千克，母牛成年体重 500 千克。初生公犊 41.3 千克，母犊 38.7 千克。同时皮埃蒙特牛的繁殖率很高，但与国内本地牛杂交的难产率较高。

4. 综合评价

皮埃蒙特牛作为肉用牛的同时，泌乳能力也较强，改良黄牛能提高其母性后代的泌乳能力。经国内长期实践，组织三元杂交的改良体系时，皮埃蒙特牛改良母牛再做母系，对下一代的肉用杂交促进很大。

皮埃蒙特牛与西门塔尔牛、本地牛的三元杂交组织的后代，在长速和肉用均具有父本的优良特征。与黄牛杂交，公犊在适度肥育的情况下，18 月龄可达 496 千克，眼肌面积 114 平方厘米，生长速度达国内肉牛领先水平。与荷斯坦牛的杂交公牛 12 月龄活重为 451 千克，平均日增重在 1197 克，屠宰率为 61.4%。

（四）瘤牛

瘤牛，哺乳纲牛科牛属。草食性反刍家畜。因在鬐甲部有一肌肉组织隆起似瘤而得名，古称犦牛，亦称犎牛。有乳用、肉用及役用等类型。为热带地区的特有牛种。

图 3–8　瘤牛

瘤牛原产于印度，100 多年前由印度传入巴西，100 多年来，巴西科研部门经过对该牛种不断的基因改良，使瘤牛的产肉、产奶量以及抗病进一步提高。一头大的瘤牛可达 1300 多千克，而且毛短、生长期短、肉质细嫩。中国于 20 世纪 40 年代开始引入，在海南等地饲养。

1. 体形特征

瘤牛脖子上方有一个硕大的牛峰，有的甚至重达几十千克，像一个大瘤子，喉部的松肉皮延长为肉垂，直至腹部。两耳大而悬垂，有明显的抗热和抗病能力。耐热、耐旱、耐粗饲，和普通牛杂交，其后代有生育力。体格较高，骨骼纤细。头狭长，额宽而突出，耳长大而下垂，颈垂特别发达，甚至可以延伸至腹下与阴鞘及阴囊皱褶相连结。瘤峰发达，形状不一，重 5~8 千克，约占体重的 2%~3%。蹄质坚实，皮肤松弛，被毛短粗且稀疏。毛色多种，常见的有不同深浅的灰色、褐色、红色及黑色等。汗腺多，腺体大，易排汗散热。对焦虫病等有较强的抵抗力，并能遗传给其与普通牛的杂交后代。皮肤分泌物有特殊气味，能防壁虱及蚊虻。许多国家利用瘤牛与欧洲肉牛杂交，培育出含不同程度瘤牛基因的优良新品种。中国也曾引入瘤牛改良当地黄牛。

2. 生物学特点

大而圆的瘤峰是一种沉积脂肪的肌肉组织，被称为瘤牛的营养库，犹如骆驼的驼峰，绵羊的脂尾一样，能在物质匮乏时发挥一定的补给作用。较大的瘤峰可占体重 2%~3%。皮肤屏障颈部，垂皮及腹下长有明显的褶皱，表皮面积大，真皮层薄，表皮厚。皮下肌肉发育良好，这种结构在机体的生命活动中起很大作用。耐热性好较大的体表面积和薄的真皮，利于散热。汗腺及皮脂腺发达，排列特殊并接近皮肤表面使散热速度快。皮肤中特殊的黑色素能有效地反射

看不见的光线，增强抗热能力。

3. 抗逆力强

血液中淋巴细胞含量高，以适应不良环境对热带疾病的抵抗力。采食慢，但对饲料的消化率高，饮水少，缺水所引起的不良后果小，消化好，一般不会发生胀气等病。

第二节　主要地方品种

一、南阳牛

南阳黄牛主要产自我国南阳盆地，属大型役肉兼用品种，有中华五大黄牛之首的美誉。得益于南阳地区八百里伏牛山脉及白河流域，南阳黄牛吃的是天然牧草，喝的是纯净泉水，因此膘肥体壮，肉嫩味鲜，香味浓醇，是受到国内外认可的优质牛品种。

图 3–9　南阳黄牛

（一）性能特点

南阳黄牛属大型役肉兼用品种。体格高大，肌肉发达，结构紧凑，皮薄毛细，行动迅速，鼻颈宽，口大方正，肩部宽厚，胸骨突出，肋间紧密，背腰平直，荐尾略高，尾巴较细。四肢端正，筋腱明显，蹄质坚实。牛头部雄壮方正，额微凹，颈短厚稍呈方形，颈侧多有皱襞，肩峰隆起 8~9 厘米，肩胛斜长，前躯比较发达，睾丸对称。母牛头清秀，较窄长，颈薄呈水平状，长短适中，一般中后期发育较好。但部分牛存在胸部深度不够、尻部较斜和乳房发育较差的缺点。

南阳黄牛的毛色有黄、红、草白三种，以深浅不等的黄色为最多，占 80%。红色、草白色较少。一般牛的面部、腹下和四肢下部毛色较浅，鼻颈多为肉红色，其中部分带有黑点，鼻黏膜多数为浅红色。蹄以黄蜡色、琥珀色带血筋者为多。公牛角基较粗，以萝卜头角和扁担角为主；母牛角较细、短，多为细角、扒角、疙瘩角。公牛体重可达 1000 千克以上。

（二）役用性能

南阳黄牛公母牛都善走，挽车与耕作迅速，有快牛之称，役用能力强。公牛最大挽力为 398.6 千克，占体重的 74%，母牛最大挽力为 275.1 千克，占体重的 65.3%，耕地时公牛一般挽力为 123.8 千克，占体重的 25.7%；母牛一般挽力为 105.4 千克，占体重的 25.9%；阉牛一般挽力为 146.7 千克，占体重的 24.9%。耕地速度：公牛为每秒 0.81 米，母牛为每秒 0.76 米，阉牛为每秒 0.84 米。一般牛每日可耕地 2~3 亩，载重 1000~1500 千克，日行 30~40 公里。

（三）肉用性能

中等膘情公牛屠宰率平均为 52.2%，净肉率 43.6%，骨肉比为 1∶5.06，胴体产肉率为 83.5%，眼肌面积为 60.9 平方厘米。血占体重的 3.1%，心占 0.63%，肺占 0.62%，脾占 0.16%，胃占 3.62%，肠占 2.18%。

（四）养殖现状

南阳黄牛在我国的很多省区被大量用于改良当地黄牛。南阳地区多年来向全国提供种牛 17000 多头。在纯种选育和本身的改良上有向早熟肉用方向和兼用方向发展的趋势。如与利木赞牛、夏洛莱牛、皮尔蒙特牛、西门塔尔牛、鲁西黄牛等牛杂交，可提高产肉、产奶性能和经济效益。

南阳盆地特定的土壤和气候条件，是南阳黄牛这一特有品种形成的基本因素。南阳地处亚热带和暖温带的过渡带，四季分明，光照充足，雨量适中，无霜期长。尤其是占南阳盆地面积 70% 以上的唐、白河流域，岗峦、河谷相间，平原面积广阔，土地肥沃，人口稠密。历史上，大面积的山岗荒地和河谷湿地为南阳黄牛的生长提供了充足的牧草，肥沃平原的大面积耕作既需役使大批耕牛，又为饲养南阳黄牛提供了秸秆等饲料。在这些特殊的自然条件作用下，经过千百年的培育，南阳黄牛逐渐成为体躯大、耐粗饲、品质优、数量多、役肉兼用的优秀地方品种。

二、秦川牛

秦川牛产于八百里秦川的陕西省关中地区。秦川牛毛色多为红棕色，体形高大丰满，产肉率高，肉色鲜红，肉质细嫩，牛肉味浓，为上品佳肴。

图 3-10　秦川牛

（一）产地分布

秦川牛因产于陕西省关中地区的“八百里秦川”而得名。其中渭南、临潼、蒲城、富平、大荔、咸阳、兴平、乾县、礼泉、泾阳、三原、高陵、武功、扶风、岐山 15 个县（区）、市为主产区，共有 28.6 万头，占 60%。据 1981 年统计，产区共有 47.67 万头。此外，陕西省的渭北高原地区以及甘肃省的庆阳地区亦有少量分布。目前，总头数在 60 万头以上。

（二）外貌特征

秦川牛体质结实，骨骼粗壮，体格高大，结构匀称，肌肉丰满。毛色以紫红和红色为主（90%），其余为黄色。鼻镜为肉红色。公牛头大额宽，母牛头清秀。口方，面平。角短而钝，向后或向外下方伸展。公牛颈短而粗，有明显的尖峰；母牛鬐甲低而薄。胸部宽深，肋骨开张良好。四肢结实，蹄圆大、多呈红色。缺点是牛群中常见有斜尻的个体。据 2006 年测定，成年公牛体重 620.9 千克，体高 141.7 厘米，体斜长 160.5 厘米，胸围 203.4 厘米，管围 22.4 厘米；母牛平均体重 381.2 千克，体高 124.5 厘米，体斜长 140.35 厘米，胸围 170.84 厘米，管围 16.83 厘米。

（三）生产性能

秦川牛具有育肥快、瘦肉率高、肉质细、大理石纹明显等特点。在中等饲养水平条件下，18 月龄公、母牛和阉牛的宰前活重依次为 436.9 千克、365.6 千克和 409.8 千克；平均日增重为 0.7 千克、0.55 千克和 0.59 千克。公、母牛和阉牛的平均屠宰率 58.28%，净肉率 50.5%，胴体产肉率 6.65%，骨肉比 1 : 6.13，眼肌面积 97.02 平方厘米。泌乳期平均为 7 个月，产奶量 715.79 千克，平均日产奶量 3.22 千克。乳中含干物质 16.05%，其中乳脂肪 4.7%，蛋白质 4%，乳糖 6.55%，灰分 0.8%。

秦川牛母牛的初情期为9月龄，发情周期为21天，发情持续期为39小时（25~63小时），妊娠期为285天，产后第一次发情为53天。公牛12月龄性成熟，初配年龄2岁。母牛可繁殖到14~15岁。秦川牛适应性好，除热带及亚热带地区外，均可正常生长。性情温驯，耐粗饲，产肉性能好。目前，全国有21个省、自治区引入秦川牛，进行纯种繁育或改良当地黄牛，取得了良好的效果。

（四）生活习性

秦川牛最适宜的环境温度为5~21℃。育肥期内应尽量为牛创造温暖、安静、舒适的环境。一般宜采取拴养育肥。除风雪天外，每天上午8时到下午3时将牛拴在舍外木桩上晒太阳。固定牛绳不宜过长，以0.4米为宜。每天刷拭牛体1~2次，保持牛体清洁。牛舍顶部安装可开闭的通风窗，每天中午通风换气1次，时间为10~20秒。每天定时清除粪便，保持牛舍清洁卫生，干燥通风，严防潮湿。

三、鲁西牛

中国五大名牛之一，又名山东膘肉牛，主要产于山东地区。鲁西牛非常高大健壮，全身的毛色呈棕黄色，性情比较温顺，不管是耕地还是拉车都是一把好手。在过去，鲁西的农家都将它视作镇宅之宝。不仅如此，鲁西牛的牛肉也是一绝。皮薄骨细，脂肪分布均匀，有“五花三层肉”之说，肉质非常鲜嫩，受到国内外客户的喜爱。

图3–11　鲁西牛

（一）外形特征

该牛体躯高大，身稍短，骨骼细，肌肉发达，背腰宽平，侧望为长方形。被毛淡黄或棕红色，眼圈、口轮和腹下、四肢内侧为粉色。毛细、皮薄有弹性，角多为“龙门角”或“倒八字角”。

鲁西牛体躯结构匀称，细致紧凑，具有较好的役肉兼用体型。公牛多平角或龙门角；母牛

角形多样，以龙门角较多。垂皮较发达。公牛肩峰高而宽厚。胸深而宽，而后躯发育较差，尻部肌肉不够丰满，体躯明显前高后低。

母牛鬐甲较低平，后躯发育较好，背腰较短而平直，尻部稍倾斜，关节干燥，筋腱明显，前肢多呈正肢势，或少有外向，后肢弯曲度小，飞节间距离小，蹄质致密但硬度较差，不适于山地使役。尾细而长，尾毛有弯曲，常扭生一起呈纺锤状。被毛从浅黄到棕红色都有，而以黄色为最多，占 70% 以上，一般牛前躯毛色较后躯深，公牛较母牛深。

鲁西牛成年公牛体高、体长、胸围和体重分别为：146.3±6.9 厘米，160.9±6.9 厘米，206.4±13.2 厘米，644.4±108.5 千克；成年母牛分别为：123.6±5.6 厘米，138.2±8.9 厘米，168.0±10.2 厘米，365.7±62.2 千克。

多数牛有完全或不完全的“三粉”特征（指眼圈、口轮、腹下与四肢内侧色淡），鼻镜与皮肤多为淡肉红色，部分牛鼻镜有黑点或黑斑。角色蜡黄或琥珀色，角形多为平角和龙门角。多数牛尾帚毛色与体毛一致，少数牛在尾帚长毛中混生白毛或黑毛。

不同类型鲁西牛的外貌主要特点为：高辕牛个体高大，体躯较短，四肢长，侧视呈近正方形，角形多为龙门角和倒八字角，毛色较浅，黄色较多，“三粉”特征明显；行走步幅大，速度快，适于挽车运输，但持久力略差。

（二）分布范围

主要产于山东省西南部的菏泽、济宁内，即北至黄河，南至黄河故道，东至运河两岸的三角地带。主要分布于菏泽地区的郓城、鄄城、菏泽、巨野、梁山和济宁地区的嘉祥、金乡、济宁、汶上等县、市。聊城、泰安以及山东的东北部也有分布。

（三）生活环境

主要生活在地势平坦的中原地区，不适于生活在山区。

（四）生活习性

鲁西牛是在产区细致管理和全年舍饲条件下所育成的地方良种。它虽然表现有耐粗饲的特点（单喂麦秸也能维持生命），但一般说来要求细致的饲养管理条件，故对鲁西牛的饲养管理极为精细，草料要求铡碎磨细，冬季多喂“花草”，甚至有用豆沫子、高粱粥喂牛的习惯。鲁西牛对高温适应能力较强，而对低温适应能力则较差。一般在 30℃ ~35℃高温下，基本能正常使役。鲁西牛在冬季 -5℃ ~-10℃条件下，要求有严密保暖的厩舍，否则严冬易发生死亡现象。鲁西牛的抗病力较强。另外，鲁西牛有较强的抗焦虫病能力。

（五）生长繁殖

鲁西牛繁殖能力较强。母牛性成熟早，有的牛 8 月龄即能受配怀胎，一般 10~12 月龄开始发情，发情周期平均为 22（16~35）天，发情持续期 2~3 天，发情开始后 21~30 小时配种，受胎率较高，母牛初配年龄多在 1.5~2 周岁，终生可产犊 7~8 头，最高可达 15 头，妊娠期 285（270~310）天，产后第一次发情平均为 35（22~79）天。公牛性成熟较母牛稍晚，一般一岁左右可产生成熟精子，2~2.5 岁开始配种，利用年限 5~7 年，如利用得当，10 岁后仍有较好配种能力；性机能最旺盛年龄在 5 岁以前；射精量一般 5~10 毫升，精子耐冻性随个体而有较大差异。

（六）役用性能

鲁西牛性情温驯，易管理，便于发挥最大的工作能力。一般中等个体和中等膘情的公牛和阉牛，日耕砂质土地 5~6 亩，母牛 1~3 亩。

（七）产肉性能

鲁西牛产肉性能良好。皮薄骨细，产肉率较高，肌纤维细，脂肪分布均匀，呈明显的大理石状花纹。据试验，在以青草为主、掺入少量麦秸、每天补喂混合饲料 2 千克（豆饼 40%、麦麸 60%）的条件下，对 1~1.5 岁牛进行肥育，平均日增重 610g。据屠宰测定的结果，18 月龄的阉牛平均屠宰率 57.2%，净肉率 49.0%，骨肉比 1∶6.0，脂肉比 1∶4.23，眼肌面积 89.1 平方厘米。成年牛平均屠宰率 58.1%，净肉率为 50.7%，骨肉比 1：6.9，脂肉比 1∶37，眼肌面积 94.2 平方厘米。肌纤维细，肉质良好，脂肪分布均匀，大理石状花纹明显。

（八）国内养殖现状

当前南方地区养殖数量较多。

四、晋南牛

晋南牛产于山西省西南部汾河下游的晋南盆地，属于我国五大名牛之一。晋南牛属大型役肉兼用品种。体格高大，骨骼结实，产肉率高，肉质优良，具有较大的发展前景。

图 3–12　晋南牛

（一）产地和环境

土壤为褐土，土层较厚，表层有机质含量为 0.7%~1.2%，适合农作物生长。农作物以棉花和小麦为主，其次是豌豆、大麦、谷子、玉米、高粱、花生和土豆，在山西被称为粮仓。当地的传统习惯是种植苜蓿、豌豆等豆科作物，与棉花、小麦轮作，这样可以保持土壤肥力。天然牧场主要分布在流域周边的丘陵地区和汾河、黄河滩区，为草食家畜提供大量优质饲料、饲草

和牧场。

（二）地域分布

晋南牛分布在运城地区的万荣、河津、临猗、永济、夏县、闻喜、芮城、新绛，临汾地区的侯马、曲沃、襄汾等县、市。其中，河津、万荣为晋南牛种源保护区。

（三）品种特点

晋南牛是一种大型的役用和肉类品种。身体高大健壮，具有役牛的外貌特征。牛头中等长，额头宽，顺风角，颈粗短，皮肤发达直立，胸宽，肩峰不显眼，臀端窄，蹄大而圆，质地致密；奶牛的乳房发育不良，乳头很小。毛色以紫红色为主，鼻子为粉红色，蹄趾多为粉红色。晋南牛体格大，胸围大，体长，胸宽后腰宽。成年牛前躯较后躯发达，所以役用较好。

（四）品种性能

晋南牛的长相：高大健壮。公牛个头适中，额头宽阔，嘴巴宽大，俗称“狮子头”。牛胸深而宽，背腰直，长度适中，鳍状肢窄，四肢结实，蹄大而圆，蹄壁深红色。牛角圆形，角粗，牛角扁平向上弯曲，蜡黄、紫红色。被毛颜色为红色，其次为黄色和棕色，被毛富有光泽。

基本特征：狮头，虎口，兔眼，顺风角，木碗蹄，前肢如立柱，后肢如弓。公牛重 607.4 千克，高 138.66 厘米，长 157.4 厘米，胸围 206.30 厘米，管围 20.20 厘米。母牛体重 339.4 千克，身高 117.4 厘米，长度 135.20 厘米，胸围 164.66 厘米，管围 15.60 厘米。阉牛体重 453.9 千克，体高 130.80 厘米，体长 146.40 厘米，胸围 182.90，管围 18.30 厘米。

五、郏县红牛

郏县红牛主产于郏县，因而得名郏县红牛。郏县红牛经当地农民长期选育培育，成为优良的役肉兼用牛，位列全国八大良种黄牛之一。

图 3–13　郏县红牛

多年来，该品种经过精心的选优淘劣、选种选配、提纯复壮工作，生产性能大大提高，品种数量有了较大发展，中心产区也由原来的鲁、宝、郏三县发展到鲁、宝、郏、汝四县市。据统计，郏县红牛 97 年底能繁母牛 12.6095 万头，种公牛 1100 头，未成年及哺乳的公犊 4 万头，母犊 10.35 万头。在能繁母牛中用于黄改肉的 26900 头，用于配种的公牛 600 头。

（一）主产区数量及分布

产地（或分布）：郏县红牛分布于河南省郏县、宝丰、鲁山、汝州四县市等地。97 年存栏总数为 28.064 万头。主要分布于郏县的大李庄、王集、白庙、渣元等乡镇，存栏 10.4 万头；宝丰沿汝河两岸的石桥、赵庄、闹店、李庄、周庄、商酒务等乡镇，存栏 4.6 万头；鲁山县主要以辛集、张官营、磙子营、马楼、让河等乡红牛分布最集中，现存栏 5.2 万头。汝州市与郏县接壤的纸坊、尚庄、小屯、焦村、骑岭等红牛饲养比较集中，量多质优，总存栏数 1.56 万头。

（二）主要特征

郏县红牛体格中等大小，结构匀称，体质强健，骨骼坚实，肌肉发达。后躯发育较好，侧观呈长方形，具有役肉兼用牛的体形，头方正，嘴齐，眼大有神，耳大且灵敏，鼻孔大，鼻镜肉红色，角短质细，角形不一。被毛细短，富有光泽，分紫红、红、浅红三种毛色。公牛颈稍短，背腰平直，结合良好。四肢粗壮，尻长稍斜，睾丸对称，发育良好。母牛头部清秀，体型偏低，腹大而不下垂，鬐甲较低且略薄，肩长而斜。

郏县红牛垂皮发达，肩峰稍隆起，尻稍斜，四肢粗壮，蹄圆大结实。公牛鬐甲宽厚，母牛乳房发育较好，腹部充实。成年公牛体高为 126.1 厘米，体重为 425 千克，母牛分别为 121.2 厘米和 364.6 千克。最大挽力公牛为 405.6 千克，母牛为 322.9 千克。未经肥育成年牛屠宰率为 51.5%，净肉率为 40.9%，眼肌面积为 69 平方厘米，骨肉比 1∶5.1。公牛 1 岁达到性成熟，母 2 岁开始配种，繁殖年限为 12~13 年。

（三）主要性能

1. 役用性能

郏县红牛体格大，肌肉发达，骨骼粗壮，健壮有力，役用能力较强。目前，仍是山区农业生产上的主要动力。据测定，阉牛的最大挽力为 421.6 千克，公牛为 409 千克，母牛为 317.4 千克；一对中型成年阉牛一天可耕地 3~4 亩，挽车速度每小时 4 公里，载重 2000 千克，日行 30 公里。

2. 肉用性能

郏县红牛肉质细嫩，肉的大理石纹明显，色泽鲜虹。据测定，其熟肉率为 59.5%（范围 56.2%~64.8%）。据对 10 头 20~23 月龄阉牛，肥育后屠宰测定，平均胴体重为 176.75 千克，平均屠宰率为 57.57%，平均净肉重 136.6 千克，净肉率 44.82%。

3. 繁殖性能

在通常饲养管理条件下，母牛初情期为 8~10 月龄，初配年龄为 1.5~2 岁，使用年限一般 10 岁左右，繁殖率为 70%~90%，产后第一次发情多在 2~3 个月，三年可产两犊，犊牛初生重

20~28千克。母牛配种不受季节限制，一般多在2、8月配种。公牛12个月龄性成熟，2岁开始配种，一头公牛可负担50~60头，最高可达150头。一次射精量3~10毫升，精子密度5亿/毫升以上，原精子活力0.7以上，精子耐冻性良好。

第三节　我国培育的新品种

一、夏南牛

夏南牛是一种肉用牛新品种，是采用法国夏洛莱牛为父本，以南阳牛为母本杂交、培育出来的品种，也是我国第一个具有自主知识产权的肉用牛品种，具有重大的意义以及优良的生产性能。

图3–14　夏南牛

（一）体型外貌

该牛毛色为黄色，以浅黄色、米黄色居多。公牛头方正、额平直，母牛头部清秀、额平稍长；公牛角呈锥状、水平向两侧延伸，母牛角细圆、致密光滑、稍向前倾。耳中等大小，颈粗壮、平直，肩峰不明显。成年牛结构匀称，体躯呈长方形，胸深肋圆，背腰平直，尻部宽长，肉用特征明显，四肢粗壮，蹄质坚实，尾细长。成年母牛乳房发育良好。成年公牛体高142.5±8.5cm，体重850kg成年母牛体高135.5±9.2cm，体重600kg。

（二）生产性能

该牛生长发育快。在农户饲养条件下，公、母犊牛6月龄平均体重分别197.35±14.23kg和196.5±12.68kg、平均日增重分别为980g和880g。周岁公、母牛平均体重分别为299.01±14.31kg和292.4±26.46kg，平均日增重分别达560g和530g。体重350kg的架子公牛经强度肥育90天，平均体重达559.53kg，平均日增重可达1.85kg。该牛肉用性能好，据屠宰试验，17~19 月龄的未肥育公牛屠宰率 60.13%，净肉率 48.84%，肉剪切力值 2.61、优质肉切块率 38.37%，高档牛该牛体质健壮，性情温驯，适应性强，耐粗饲，舍饲、放牧均可。采食速度快，在黄淮流域及其以北的农区、半农半牧区都能饲养，抗逆力强，耐寒冷、耐热性稍差，遗传性能稳定。具有生长发育快、易肥育的特点，深受肥育牛场和广大农户的欢迎，大面积推广应用有较强的价格优势。适宜生产优质牛肉和高档牛肉，具有广阔的推广前景。

（三）品种对比

1. 与夏洛莱牛相比

一是毛色不同，夏洛莱牛为乳白色，夏南牛毛色呈米黄或浅黄色。

二是比夏洛莱牛耐粗饲，抗逆性强，适应农村粗放式饲养管理条件下饲养。

三是比夏洛莱牛体格略小。夏南牛成年公牛体重 850kg 左右，成年母牛体重 600kg 左右。夏南牛育肥期平均日增重 1.85 kg，屠宰率 60.13%，净肉率 48.84% 的肉用性能与夏洛莱牛相近。

2. 与南阳牛相比

夏南牛毛色纯正，体格较大，四肢粗壮，生长发育快，早熟性好，屠宰率、净肉率高，肌肉嫩度好，优质肉切块率和高档牛肉率均优于南阳牛。6 月龄夏南牛平均体重达到 192.3kg，比同龄南阳牛高出 30.1kg；18 月龄夏南牛公牛平均体重达到 387.13kg，较同龄南阳牛提高 52.5%，18 月龄母牛平均体重达到 337.62kg，较同龄南阳牛提高 35.5%。与未经育肥的南阳牛相比，屠宰率和净肉率分别提高了 7.93 和 5.24 个百分点。与一般育肥的 18 月龄南阳牛公牛相比，屠宰率和净肉率分别提高了 4.53 和 2.24 个百分点，表明夏南牛早熟性强，产肉率高于南阳牛。

二、云岭牛

云岭牛是云南省草地动物科学研究院历经 31 年培育而成的肉牛新品种。

图 3-15　云岭牛

（一）外貌特征及适应性

云岭牛以黄色、黑色为主，被毛短而细密；体型中等，各部结合良好，细致紧凑，肌肉丰厚；头稍小，眼明有神；多数无角，耳稍大，横向舒张；颈中等长；公牛肩峰明显，颈垂、胸垂和腹垂较发达，体躯宽深，背腰平直，后躯和臀部发育丰满；母牛肩峰稍有隆起，胸垂明显，四肢较长，蹄质结实；尾细长。成年公牛体高 148.92 ± 4.25 cm、体斜长 162.15 ± 7.67 cm、体重 813.08 ± 112.30 kg，成年母牛体高 129.57 ± 4.8 cm、体斜长 149.07 ± 6.51 cm、体重 517.40 ± 60.81 kg。

云岭牛是国内肉牛品种中对自然生态环境适应性最强的肉牛品种之一，能够适应热带、亚热带的气候环境，且在高温高湿条件下表现出较好的繁殖能力和生长速度，同时对南方冬春季的冰雪天气也有较强的适应性。云岭牛有较强的耐粗饲能力，适宜于全放牧、放牧加补饲、全舍饲等饲养方式，对体内外寄生虫等有较强的抵抗力。对云岭牛、安格斯牛、西门塔尔牛、短角牛和婆罗门牛的血液组胺浓度与牛蜱感染量、TLR（Toll 样受体）基因多态与血液组胺浓度的关系、TLR 基因多态性与牛抗蜱能力的关系进行研究，表明云岭牛有极强的耐热抗蜱能力，与婆罗门牛相当。

（二）生产性能

1. 生长性能

在一般饲养管理条件下，云岭牛公牛初生重 30.24 ± 2.78 kg，断奶重 182.48 ± 54.81 kg，12 月龄体重 284.41 ± 33.71 kg，18 月龄体重 416.81 ± 43.84 kg，24 月龄体重 515.86 ± 76.27 kg，成年体重 813.08 ± 112.30 kg；在放牧 + 补饲的饲养管理条件下，12~24 月龄日增重可达 1060 ± 190 g。母牛初生重 28.17 ± 2.98 kg，断奶重 176.79 ± 42.59 kg，12 月龄体重 280.97 ± 45.22 kg，18 月龄体重 388.52 ± 35.36 kg，24 月龄体重 415.79 ± 31.34 kg，成年体重 517.40 ± 60.81 kg；相比于较大型肉牛品种，云岭牛的饲料报酬较高。

2. 胴体性能与肉质

经普通育肥，至 24 月龄公、母牛活重分别为 508.2 ± 15.4 kg 和 430.8 ± 38.0 kg，屠宰率为 59.56% ± 5.31% 与 59.28% ± 6.70%，净肉率为 49.62% ± 3.94% 与 48.64% ± 5.51%，眼肌面积（12—13 肋）为 85.2 ± 7.5 cm^2 与 70.4 ± 8.2 cm^2，优质肉切块率可达 39.4% ± 6.1%。

云岭牛高档雪花牛肉生产试验表明，至 30 月龄活重（阉牛）为 738.02 ± 58.65 kg，屠宰率 65.81% ± 6.05%，净肉率 41.07% ± 2.40%（除去脂肪重），眼肌面积（12—13 肋）85.7 ± 8.8 cm^2，肉骨比 4.71 ± 0.59；高档肉块（牛柳、上脑、眼肉、西冷）占活重的 7.4%。按照日本和牛肉分割与定级标准，70% 个体的肉品质达到 A3 以上等级，口感惬意、多汁、滋味好，可与日本神户牛肉媲美。

3. 繁殖性能

母牛初情期 8~10 月龄，适配年龄 12 月龄或体重在 250 kg 以上；发情周期为 21 d（17~23 d），发情持续时间为 12~27 h，妊娠期为 278~289 d；产后发情时间为 60~90 d；难产率低于 1%（为 0.86%），核心群的繁殖成活率历年在 80% 以上。繁殖成活率高于 80%。公牛 18 月龄或体重在 300 kg 以上可配种或采精。

（三）主要特色

1. 适应性强

云岭牛适应于温带、热带、亚热带气候环境，且在高温、高湿环境中表现出较好的繁殖能力和生长速度；耐粗饲，适宜于全放牧、放牧加补饲、全舍饲等饲养方式，对体内外寄生虫的抵抗能力明显强于安格斯牛、西门塔尔牛、短角牛等温带品种。

2. 早熟

云岭牛母牛适配年龄为 12~14 月龄，14 月龄妊娠率为 90%~95%，因初产年龄较早，增加了能繁母牛的利用年限，缩短肉牛的生产周期。云岭牛为热带牛品种，具有早期增重快、脂肪沉积好的特点，用于生产大理石纹较好的优质牛肉，于 6 月龄阉割，只需育肥至 2 岁，出栏平均体重可达 600kg 左右；用于生产高档雪花牛肉，于 4 月龄阉割，只需育肥至 30 月龄，出栏平均体重可达 750kg 左右。

（四）品种对比

1. 与婆罗门牛相比

一是外貌特征不同，婆罗门牛整体外观比较清秀，四肢、颈部、头（脸）较长，肩峰高耸且向后钩，大耳奋拉，垂皮明显，而云岭牛的这些特征有所弱化，肉牛体形更为明显；二是云岭牛比婆罗门牛耐粗饲，早期生长更快，育肥和胴体性能更好，并能生产高档雪花牛肉；三是性成熟更早，繁殖率更高，适应农村粗放式饲养管理；四是体高比婆罗门牛略小。

2. 与莫累灰牛相比

一是毛色比莫累灰牛深，以黄色和黑色为主，被毛短而细密；二是体格高大，四肢比莫累灰牛长；三是耳大，有尖峰和垂皮，具典型的热带牛特征；四是抗逆性强，适宜热带地区饲养。

3. 与云南黄牛相比

一是体形大，初生重和成年重达云南黄牛 2 倍以上；二是肉牛特征明显，胸深而宽，肋圆，背部及后躯发达而丰满，生长发育快；三是育肥性能好，平均日增重、屠宰率、净肉率高，肌肉嫩度好，优质肉切块率和高档牛肉率均优于云南黄牛。

三、华西牛

华西牛以肉用西门塔尔牛为父本，以蒙古牛、三河牛、西门塔尔牛、夏洛莱牛组合的杂种后代为母本培育而成。乌拉盖管理区拥有华西牛育种户 19 家，群体规模 3.4 万头，占全国华西牛总存栏的 64%，成为华西牛育种群体主要供种基地。

图 3-16　华西牛

（一）特性特征

“华西牛”躯体被毛多为棕红色或黄色，有少量白色花片，头部白色或带红黄眼圈，四肢蹄、尾稍、腹部均为白色，多有角。公牛颈部隆起，颈胸垂皮明显，背腰平直，肋部圆、深广，背宽肉厚，肌肉发达，后臀肌肉发达丰满，体躯呈圆筒状。母牛体形结构匀称，乳房发育良好，性情温顺，母性好。

（二）产量表现

华西牛具有生长速度快，屠宰率、净肉率高，繁殖性能好，抗逆性强等特点。华西牛成年公牛体重 936.39 ± 114.36 kg，成年母牛体重 574.98 ± 37.19 kg。20~24 月龄宰前活重平均为 690.80 ± 64.94 kg，胴体重为 430.84 ± 40.42 kg，屠宰率 62.39% ± 1.67%，净肉率 53.95% ± 1.46%。12~18 月龄育肥牛平均日增重为 1.36 ± 0.08 kg/d，最高可达 1.86 kg/d，12—13 肋间眼肌面积为 92.62 ± 8.10 cm^2。

（三）生产技术

根据华西牛的分布特点，在河南、湖北等农区，采取舍饲的饲养模式；内蒙古乌拉盖等牧区，采取放牧 + 补饲的模式。因此，在湖北、云南、吉林和河南等舍饲条件下，实施早期断奶技术提高华西牛的连产率；在内蒙古乌拉盖等放牧条件下，实施补饲技术保证华西牛冬季的营养需要。

（四）适宜区域

华西牛适应性广泛，目前已在内蒙古、吉林、河南、湖北、云南和新疆等省区市推广。

第四章　肉牛营养需要与生态饲料配制技术

第一节　肉牛的营养需要

一、肉牛生长发育的一般规律

（一）肉牛生长发育各阶段特点

肉牛生长发育各阶段一般可以划分为胚胎期、哺乳期、幼龄期、青年期和成年期。

1. 胚胎期

指从受精卵开始到出生为止的时期。胚胎期又可分卵子期、胚胎分化期和胎儿期三个阶段。卵子期指从受精卵形成到 11 天受精卵与母体子宫发生联系及着床的阶段。胚胎分化期指从受精卵着床到胚胎 60 日为止。此前 2 个月，饲料在量上要求不多，而在质上要求较高。胎儿期指从妊娠 2 个月开始直到分娩前为止，此期为身体各组织器官强烈增长期。胚胎期的生长发育直接影响犊牛的初生重。初生重大小与成年体重成正相关，从而直接影响肉牛的生产力。

2. 哺乳期

指从牛犊出生到 6 月龄断奶为止的阶段。这是犊牛对外界条件逐渐适应、各种组织器官功能逐步完善的时期。该期牛的生长速度和强度是一生中最快的时期。犊牛哺乳期生长发育所需的营养物质主要靠母乳提供，因而母牛的泌乳量对哺乳犊牛的生长速度影响极大。一般犊牛断奶重的变异性，50%~80% 是受它们母亲产奶量的影响。因此，如果母牛在泌乳期因营养不良和疾病等原因影响了泌乳性能，就会对哺乳犊牛产生不良影响，从而影响肉用牛的生产力。

3. 幼龄期

指犊牛从断奶到性成熟的阶段。此期牛的体形主要向宽深方方面发展，后躯发育迅速，骨骼和肌肉生长强烈，性功能开始发育。体重的增长在性成熟前呈加速趋势，绝对增重随年龄增加而增大，体躯结构趋于稳定。该期对肉用牛生产力的定向培育极为关键，可决定此阶段后的养牛生产方向。

4. 青年期

指从性成熟到体成熟的阶段。这一时期的牛高度和长度继续增长，宽度和深度发育较快，特别是宽度的发育最为明显。绝对增重达到高峰，增重速度开始减慢，各组织器官发育完善，体形基本定型，直到达到稳定的成年体重。这一时期是肥育肉牛的最佳时期。

5. 成年期

指从发育到成熟到开始衰老这一阶段。牛体形、体重保持稳定，脂肪沉积能力大大提高，性功能最旺盛，所以公牛配种能力最强；母牛泌乳稳定，可产生初生重较大、品质优良的后代。成年牛已度过最佳肥育时段，所以主要是作为繁殖用牛，而不是肥育用牛。在此以后，牛进入老年期，各种功能开始衰退，生产力下降，生产中一般已无利用价值。大多经短期肥育后直接屠宰，但肉的品质较差。

（二）肉牛生长不平衡的规律

平衡是指牛在不同的生长阶段，不同的组织器官生长发育速度不同。某一阶段这一组织的发育快，下一阶段另一器官的生长快。了解这些不平衡的规律，就可以在生产中根据目的的不同利用最快的生长阶段，实现生产效率和经济效益的多快好省。肉牛生长发育的不平衡主要有以下几个方面的表现。

1. 体重增长的不平衡

牛体重增长的不平衡表现在 12 月龄以前生长速度很快。从出生到 6 月龄的生长强度要远大于从 6 月龄到 12 月龄。12 月龄以后，牛的生长明显减慢，接近成熟时的生长速度则很慢。因此，在生产上，应掌握牛的生长发育特点，利用其生长发育快速阶段给予充分的营养，使牛能够快速生长，提高饲养效率。

2. 骨骼、肌肉和脂肪生长的不平衡

牛的各种体组织（骨骼、肌肉、脂肪）占胴体重的百分率在生长过程中变化很大。肌肉在胴体中的百分率先是增加，而后下降；骨骼的百分率持续下降；脂肪的百分率持续增加，牛年龄越大脂肪的百分率越高。个体组织所占的比重，因牛品种、饲养水平等的不同也有差别。骨骼在胚胎期的发育以四肢骨生长强度大，如果营养不良，肉牛在胚胎期生长最旺盛的四肢骨受到影响，其结果就是犊牛在外形上会表现出四肢短小、关节粗大、体重较轻的缺陷特征。肌肉的生长与肌肉的功能密切相关。不同部分的肌肉生长速度也不平衡。脂肪组织的生长顺序为：先网油和板油，再贮存为皮下脂肪，最后才沉积到肌纤维间，形成牛肉的大理石状花纹，使肉质嫩度增加，肉质变嫩。

3. 组织器官生长发育的不平衡性

各种组织器官生长发育的快慢，依其在生命活动中的重要性而不同。凡对生命有直接、重要影响的组织器官如脑、神经系统、内脏等，在胚胎期中一般出现较早，发育缓慢而结束较晚；而对生命重要性较小的组织器官如脂肪、乳房等，则在胚胎期出现较晚，但生长较快。器官的生长发育强度随器官功能变化也有所不同。如初生犊牛的瘤胃、网胃和重瓣胃的结构与功能均不完善，皱胃比瘤胃大。但随着年龄和饲养条件的变化，瘤胃从 2~6 周龄开始迅速发育，至成年时瘤胃占整个胃重的 80%，网胃和重瓣胃占 12%~13%。

4. 补偿生长

幼牛在生长发育的某个阶段，如果营养不足而增重下降，当在后期某个阶段恢复良好营养条件时，其生长速度就会比一般牛快。这种特性叫作牛的补偿生长。牛在补偿生长期间，饲料的采食量和利用率都会提高。因此生产上对前期发育不足的幼牛常利用牛的补偿生长特性在后期加强营养水平。牛在出售或屠宰前的肥育，部分就是利用牛的这一生理特性。但是并不是在任何阶段和任何程度的发育受阻都能进行补偿，补偿的程度也因前期发育受阻的阶段和程度不同而不同。

（三）影响肉牛生长发育的因素

在肉牛的整个生长发育过程中，牛的产肉性能和牛肉的质量受到很多因素的影响，主要有牛的品种、年龄和性别、饲料的营养水平、饲养环境、饲养管理方式等。要想提高肉牛的产肉率、改善牛肉的品质，不但要选择好合适的品种，改善饲养管理条件，还要掌握影响肉牛肥育的各种因素，认识肉牛的生长发育规律，并遵循其规律进行科学、合理的肥育，以达到肉牛养殖生产目的。

1 品种

肉牛的品种对肥育效果有着重要的影响。牛按其用途可分为肉用牛、乳用牛、乳肉兼用型和役用型，其中肉用牛又分为大型晚熟品种、中型品种以及早熟小型品种。肉用牛的特点是能利用各种饲料，并且饲料的转化率高，能够提前结束生长期，较早地进入肥育期。在优良的饲养条件下可以获得较高的屠宰率和产肉率，和乳用型品种的牛相比，增重的速度快，肉质也相对较好。另外，不同品种肉牛的产肉率不同，在饲养管理条件相同的条件下，大型品种达到相同体重的时间较短，而小型品种所需的时间较长，因为大型品种单位时间内的增重速度快；在相同的饲养管理条件下，小型早熟品种达到同样胴体产肉率的时间较其他品种要短，大型晚熟品种所需的时间较长，因为小型早熟品种的脂肪沉积早，出栏也早。所以肉牛饲养场要根据自身的养殖条件以及生产目的来选择合适的品种进行肥育。

2. 年龄和性别

根据肉牛的生长发育规律可以看出，不同年龄的肉牛的肥育，增重效果不同。一般肉牛在8月龄前的生长发育最快，8月龄到2周岁时缓慢，2周岁以上生长发育速度极慢，待到成年一般为5周岁后甚至会停止生长，这是因为低龄牛主要依靠肌肉以及各器官和骨骼的生长而增重。因此，在进行肉牛养殖时，一般在肉牛1.5岁以下进行肥育，最迟不能超过2周岁。

肉牛的性别不同，其肥育效果也不同。一般公牛的生长速度快，瘦肉率较高，饲料的转化率高，养殖场为了实现较高的屠宰率、瘦肉率以及较大面积的眼肌，并降低脂肪含量，选择饲养1岁左右的未阉割育成公牛，并在2岁前屠宰；相对于饲养公牛，母牛的脂肪比例相对较高，肉质更好，如果为了得到含有一定量的脂肪的牛肉可以选择母牛进行肥育；而去势肉牛则介于公牛与母牛之间，当牛进入性成熟后，可以适当对牛进行去势处理，经过去势的牛可以减少争斗，增重加快，肉质也得到了很大的改善。牛经去势后，虽然胴体中的瘦肉和骨骼的生长速度都降价，但是脂肪在体内的沉积速度却加快，因此，去势是肉牛加速增重的重要方法，养殖场可以根据市场对牛肉的要求来选择不同性别的肉牛进行肥育，以满足消费者对牛肉的需求。

3. 饲料的营养水平

饲料的营养水平对肉牛的育肥起着关键的作用，肉牛的产量与饲料的营养水平有着直接的

关系。给肉牛提供优质、营养全面、适口性好的饲料，会提高肉牛对饲料的利用率，进而使肉牛的增重加速，肉质也会更好。当饲料的营养水平低时，肉牛的日增重会下降，同时脂肪、肌肉和骨骼的生长发育也会受到影响，因此在肉牛进入肥育期时就要改善饲料的营养水平，以达到理想的肥育效果，特别是在肥育后期，要增加营养的强度，这样有助于脂肪的沉积，使牛的体重增加。一般情况下，日粮的营养水平高，肉牛的肌肉比例低；日粮的营养水平低，则肌肉比例高。所以，肉牛养殖要科学合理地调整饲料的营养水平，根据肉牛不同的生长阶段对营养的不同需求来调整饲料的营养。肉牛在犊牛期主要以肌肉生长为主，所以要提供较多的蛋白饲料，成年牛和育肥后期以增重为主，则需要较高的能量水平。

4. 饲养环境

肉牛的生活环境对其生长发育有着非常大的影响。通常，养殖环境清洁、干燥，温度和湿度适宜，光照合理对肉牛的生长发育及肥育有利，而不良的饲养环境对肉牛的不利影响很大，会影响肉牛的增重，推迟出栏时间，影响肉牛养殖的经济效益。一般肉牛肥育的最佳环境温度为 10~21℃，当温度低于 7℃时，牛体为了维持体温，产热增加，所以要消耗较多的饲料；当环境温度高于 27℃时，肉牛的采食量下降，增重缓慢。所以对于肉牛的养殖要做好冬季的防寒保温工作和夏季的防暑降温工作，为肉牛创造良好的生活环境。

5. 饲养管理方式

良好的饲养管理是提高肥育效果、增加产肉量、改善牛肉品质所必需的。目前肉牛的饲养方式主要有放养和舍饲饲养，放养的饲养方式相对来说更为经济，成本相对较低，但是受到自然环境条件的束缚，而舍饲饲养是目前肉牛肥育的主要方式，适于不同的品种、不同的年龄以及性别的肉牛，对饲养管理的水平要求较高，肥育效果也更好。为了追求更好的生产效益，养殖场应该结合自身的养殖条件选择合适的饲养方式，以达到使肉牛日增重快、出栏早、肉质好的要求。

二、肉牛各种营养需要

（一）蛋白质需要

为满足消费者的需求，现今的肉牛养殖以精肉嫩、脂肪少为原则，故早期多以肥育为主。饲料要先粗后精，且多样化，生长期的犊牛及怀孕、泌乳期的母牛蛋白质的需要量最多，而对老牛肥育时，供应充足的豆料干草即可。青壮牛或种牛在越冬时需要供应豆类粗料，如棉籽饼粉、亚麻仁饼粉、大豆饼粉等。

1. 架子牛

在牛舍内进行肥育的、体重 300 千克左右的架子牛，蛋白质饲料在日粮中的比例，可占 10%~13%。以后体重逐渐增加，蛋白质饲料在日粮中的含量，还可有所减少。到肥育末期，蛋白质饲料的含量占日粮的 10% 即可。

2. 3 月龄以前的犊牛

在饲养时，由于其瘤胃发育和瘤胃微生物区系还很不完善，因此，犊牛的蛋白质营养与单胃畜禽相似，其体内不能合成某些必需的氨基酸。所以，在饲养 3 月龄以前的犊牛时，饲料中应注意采用多种蛋白质饲料（如：豆饼、棉籽饼等）进行搭配。

3.6 至 12 个月的犊牛

体重 150~200 千克肥育时，日粮中的蛋白质饲料的含量可降至 15% 左右。以后随着犊牛体重的增加，日粮中的蛋白质饲料的含量还可逐步降至 12% 左右。

4. 用老龄牛育肥

用老龄牛肥育，日粮中的蛋白质饲料的含量，只需要 10%，但必须多喂玉米、高粱、甘薯干等能量饲料。

5. 肥育高档肉牛

在对生产高档牛肉的肉牛进行强度肥育时，日粮中的蛋白质饲料的含量，应比普通牛肥育增加 2%~3%。

在肉牛的饲养和肥育过程中，按上述比例添加蛋白质饲料，既可避免饲料浪费，又可充分发挥饲料的作用和肉牛的生产性能，可获得最高的饲料报酬和最佳的经济效益。

（二）能量需要

肉牛的一切生命活动，包括保持体温，从事各种生理活动，产肉、奶等产品，都需要一定的能量。一般能量的供应不足就会导致肉牛生长缓慢、体重减轻，抵抗力也随之下降等。饲料中的碳水化合物、脂肪和蛋白质这三种营养物质都能转化为肉牛生长发育和生产所需要的能量，是能量的重要来源。其中碳水化合物是主要的能量营养来源，在植物饲料中所占的比例很大，主要来源于谷物饲料。

肉牛的能量的用途有两个方面，一个是用于维持生命活动；另一个是用于生产，即长肉、产乳、繁殖等的能量。肉牛的能量需要以净能来表示。各种饲料的热能被用于维持需要、增重和产奶的效率不同，这就使不同饲料的维持、增重、产奶的净能比也不同。一般来说，饲料中粗纤维含量越高，增重净能比越低。

（三）矿物质需要

肉牛生长所必需的矿物质有 20 多种，分为常量元素和微量元素两类。常量元素有钙、磷、钠、氯、钾、镁、硫，这类元素在动物体内含量大于 0.01%；微量元素有铁、铜、钴、锌、锰、硒、钼、氟等，这类元素在动物体内的含量小于 0.01%。矿物质元素是肉牛维持生长、繁殖、泌乳、肥育不可缺少的营养物质。

1. 钙和磷

钙和磷主要存在于牛体内的骨骼中，是牛体内含量最多的无机元素。日粮中钙与磷的比例不当会影响肉牛的生产性能及钙、磷的吸收，理想的钙、磷存在比例是 2：1。

钙是细胞和组织液的重要组成部分，有维持肌肉及神经正常生理、在血液中促进血液凝固的作用。磷是磷脂、核酸、磷蛋白的组成成分，参与糖代谢和生物氧化过程，形成含高能磷酸的化合物，维持体内的酸碱平衡。如果日粮中长期缺乏钙，会造成幼牛生长停滞，发生佝偻病；成年牛会骨骼柔软、麻痹跛行、关节僵硬，易发生骨折；导致母牛难产，胎衣不下和子宫脱垂。如果日粮中长期缺乏磷，会造成牛食欲下降，增重缓慢，饲料利用率低，以吃草为主的

牛缺乏磷会出现异食癖，临床表现为啃骨头、木头、砖块和毛皮等东西；会导致母牛发情无规律性、卵巢萎缩、卵巢囊肿、受胎率低，有的发生流产，生产的牛犊活力弱。典型的钙磷缺乏症是佝偻病、骨疏松症和产后瘫痪。

因供给的饲料的种类不同，需补给的钙磷数量也不同。谷实类及糠麸类的饲料中含钙量低，而含磷量丰富，在肥育后期如以大量的谷实类及糠麸类饲料作为肥育牛的饲料，就会引起钙的不足。冬季在农村，因豆科牧草的缺乏，养殖户多以玉米秸秆、小麦秸秆作为肉牛粗饲料的来源，很容易造成钙缺乏，必须补充钙。以青贮、稻草为主要饲料的则容易引起磷的不足。但是如果日粮中钙、磷比例过高，也会引起不良后果，高钙日粮会因元素间的拮抗而影响锌、锰、铜等元素的吸收，影响瘤胃微生物的活动而降低日粮中有机物的消化率；高磷日粮会引起母牛卵巢肿大、配种期延长、受胎率下降。肉牛对钙、磷的最大耐受力分别是 2.0%、1.0%。

肉牛的钙需要量（克/d）=[0.0154×w（千克）+0.071× 日增重的蛋白质（克）+1.23× 日产奶量（千克）+0.0137× 日胎儿生长（克）]/0.5

肉牛的磷需要量（克/d）=[0.0280×w（千克）+0.039× 日增重的蛋白质（克）+0.95× 日产奶量（千克）+0.0076× 日胎儿生长（克）]/0.85

2. 钠和氯

钠和氯主要存在于肉牛体液内，对维持体内酸碱平衡、细胞及血液间渗透压，保证体内水分的正常代谢，调节肌肉和神经的活动有重大作用。一般以饲喂食盐来满足钠和氯的需要。如果缺乏钠和氯，肉牛会出现食欲下降、生长缓慢、皮毛粗糙、系列机能降低的病症，有的会出现异食癖。每头牛每天需要 2~3 克钠和氯，日粮中食盐的添加量占干物质的 0.3% 即可满足肉牛需要。

3. 镁

镁是碳水化合物和脂肪代谢中一系列酶的激活剂，很多酶系统需要镁才能活化。它在神经肌肉的兴奋传导中起重要作用，影响神经、肌肉的兴奋性。日粮中缺乏镁时肉牛会出现食欲丧失、贫血、体弱、消瘦、兴奋和运动失调等症状，如不及时治疗，会造成肉牛死亡。肉牛对镁的需要量占日粮干物质的 0.16%，日粮中镁的含量超过 0.4% 时就会出现镁中毒。

4. 硫

硫是肉牛瘤胃正常功能所必需的矿物质元素，它在瘤胃微生物的促进下，参与胱氨酸、半胱氨酸和蛋氨酸的合成。肉牛对硫的需要量约占日粮的 0.16%，肉牛缺硫时表现出消瘦，角、蹄、毛生长缓慢，对粗纤维的消化率下降，因此用尿素或氨化饲料喂牛，日粮中要经常补硫，每 100 克尿素补硫 3 克。一般不需要额外补硫。

5. 钾

钾具有维持细胞内渗透压、调节体内酸碱平衡的作用，对神经、肌肉的兴奋性有重要作用，在红细胞中含量最多。日粮中缺钾时肉牛会出现食欲减退、饲料利用率下降、生长发育缓慢等病症；钾过量时，会降低镁的吸收率，饲用大量施钾肥的牧草会引起肉牛低镁性痉挛。日粮中钾的适宜含量为 0.65%，最高耐受量为日粮干物质的 3%。一般肉牛日粮中不需要补充钾，也不会出现钾中毒，但在饲喂高精料日粮时有可能缺钾。

6. 铁

铁是血红蛋白和许多酶的重要组成成分，参与体内氧的运输和细胞呼吸。日粮中缺铁时，最典型的症状是贫血，表现为食欲减退、生长慢、可视黏膜变白、抗病力弱、舌乳头萎缩，犊牛对缺铁比成年牛敏感，缺铁时食欲减退、毛色粗糙、轻度腹泻。一般饲料中的铁能满足肉牛的营养需要，但对只喂奶的犊牛要补铁，避免发生缺铁性贫血。补铁的方法和剂量为：1~2 月龄时在日粮中每天补充铁 30 毫克，或在出生（或 2 月龄）时肌注 500 毫克铁。肉牛日粮中适宜的含铁量为每千克饲料中含铁 80 毫克以上，最大的耐受量为每千克饲料中含铁 1000 毫克。

7. 钴

钴的主要作用是作为维生素 B_{12} 的成分，是一种抗贫血因子。肉牛瘤胃中的微生物可利用饲料中的钴合成维生素 B_{12}，因此可以说，肉牛对钴的需要实际上是瘤胃微生物对钴的需要。肉牛缺钴时表现为食欲差、贫血、生长慢，逐渐消瘦、异食癖等症状，严重的造成死亡。钴对肉牛的繁殖机能也有影响，缺钴时受胎率明显降低。肉牛对钴的需要量为每千克饲料干物质中含钴 0.07~0.1 毫克，过量会引起中毒。如果缺钴，可直接给肉牛注射维生素 B_{12}，也可在日粮中补充钴。

（四）维生素需要

因为牛的瘤胃能合成 B 族维生素，因此，牛没有对 B 族维生素的需要量，只有对维生素 A、D、E 的需要量，尤其在采食大量秸秆的情况下，必须提供这三种必需的脂溶性维生素。

（五）水的需要

水在肉牛的生长发育过程中起着非常重要的作用，因此要供应充足。一般情况下，体重在 250~450 千克的肉牛，平均每天的饮水量在 25~35 千克。

1. 水的需要量

通过采食饲料原料和自由饮水方式摄入的水，基本上可以满足肉牛对水的需要。有机质在机体内的氧化代谢可以产生少量的代谢水，但代谢水对动物需水量的贡献是极小的。水的需要量受以下几个因素的影响：增殖的成分和速率、妊娠、泌乳、活动、饲粮类型、采食量和环境温度等。限制饮水会降低采食量，进而会降低动物的生产性能，但限制饮水往往会增加表观消化率和氮沉积。

牛对水的最低需要量既包括用于维持、生长、胎儿发育、繁殖、泌乳等生理过程对水的需要量，也包括通过尿液、粪便排泄和通过肺、皮肤蒸发而散失的水量。任何影响这些需要量和散失量的因素，都会影响动物的最低水需要量。抗利尿激素可以调节水在肾小管和尿道中的重吸收，因此可以调节排尿量。在机体缺水情况下，机体重吸收的水较平时更多，因此也造成尿液浓度更高，虽然机体浓缩尿液的能力有限，但这种机制可以小幅减少水的需要量。动物的排尿量也会受到活动量、环境温度、水摄入量及其他因素的影响。饲粮中蛋白质、食盐、矿物元素和利尿性物质含量较高时，动物对水的需要量也会增加。随排泄物散失的水量，在很大程度上取决于饲粮组成。动物采食多汁性饲粮和矿物质元素含量高的饲粮时，随粪便散失的水会更多。

通过皮肤蒸发和肺脏呼吸散失的水量很多，甚至超过通过尿液排出的水。当环境温度升高或运动量增加时，通过蒸发和汗液散失的水量也会增加。由于饲料本身含有一定的水，而且饲料中某些营养物质在机体内氧化可产生代谢水，因此肉牛需要的水并非都必须通过饮水获得。青贮饲料、青绿饲料、生长期牧草通常含较高水分，而谷物、干草、收获期的牧草含水量较低。高能饲料产生较多的代谢水，低能饲料产生较少的代谢水，因此估测动物对水的需要量是很复杂的。尽管如此，与呼吸和汗腺蒸发散失的水相比，代谢水对动物机体含水量的影响极小。在禁食状态下或饲粮蛋白水平较低时，动物会通过分解机体内的蛋白质或脂肪来产生水，但这部分水对机体整体水平衡的影响很小。

对不同条件下动物对水的需要量研究表明，渴觉是由于动物需要水，而动物会通过饮水满足这种需要。动物产生对水需要的原因是机体电解质浓度升高，进而激活了渴觉机制。上述论述表明，动物对水的需要量受多种因素的影响，而且很难精确列出具体的水需要量。

2. 水质

水质对维持肉牛饮水量有重要影响。肉牛不但可以从池塘、湖泊、河流等地表水源摄取水，而且可以饮用井水等地下水源的水。水中很多成分会影响动物对水的摄取量和整体的生产性能。肉牛对水的需要量是不同代谢特性的功能反应；一旦水的摄入量低于动物需要量，动物的生产性能就会下降。无论对人还是家畜，评估用水质量时，最常用的标准有以下 5 个：第一，感官品质（气味和味道）；第二，理化性质（pH、溶解性总固体、总溶解氧量和硬度等）；第三，是否含有有毒化合物（重金属、有毒矿物质、有机磷杀虫剂和烃类化合物等）；第四，是否存在过量的矿物质和化合物（硝酸盐、钠、硫酸盐和铁等）；第五，是否存在细菌。有关水污染物及其对肉牛生产性能影响的研究信息，目前非常有限。但在此还是强调一些常见的与肉牛生产性能相关的水质问题。

（1）溶解性总固体（TDS）

溶解性总固体（TDS）：这是水中可溶性成分的衡量指标。氯化钠是首要考虑的指标。其他化学成分，如碳酸氢盐、硫酸盐、钙、镁和二氧化硅等，也与 TDS 密切相关。次要成分组是浓度仅次于氯化钠等主要化合物群的一类化学物质，主要包括铁、硝酸盐、锶、钾、碳酸盐、磷、硼和氟化物等。肉牛饮用水中溶解性总固体（TDS）的浓度指导值见下表：

表 4–1　肉牛饮用水中溶解性总固体（TDS）的浓度指导值

溶解性总固体（TDS）（mg/L）	评述
＜ 1000	安全，不会引起安全问题
1000~2999	通常是安全的，初次饮用会引起暂时性腹泻
3000~4999	第一次可能会引起肉牛拒绝饮用，并导致暂时性腹泻。饮用量受到限制，导致肉牛生产性能可能受到影响
5000-6999	妊娠和泌乳肉牛避免饮用。在不需要最大化生产性能的地方，可以合理、安全、适当地提供
7000	此类水不应当用于饲喂肉牛，肉牛饮用后导致严重的健康问题 / 或低下的生产性能

当饲粮能量水平较低且处于热应激状态下时，饮用高盐分水（如 TDS 为 6000mg/L）的

肉牛，其日增重低于饮用普通水（1300mg/L）的肉牛。相比之下，在冬季温度较低的几个月，饲喂高能量饲料的肉牛，饮用高盐分水并不会对其日增重产生不利影响。

（2）水的硬度

水的硬度通常是以钙和镁的总量来表示，并被表述为等量的碳酸钙。水中其他阳离子（如锌、铁、锶、铝、锰等）也会提高水的硬度，但与钙和镁相比其浓度非常低。水的硬度分级下表：

表 4–2　水的硬度分级指导值

按硬度分类	硬度（钙镁总量 /mg/L）
软	0~60
中等硬度	61~120
硬	121~180
很硬	≥ 181

（3）水中的硝酸盐

硝酸盐在瘤胃中可以作为微生物合成菌体蛋白的氮源，也可以被还原成亚硝酸盐。当亚硝酸盐被吸收进动物体内时，会降低血红蛋白的携氧能力，严重情况下会导致呼吸困难。急性硝酸盐或亚硝酸盐中毒的症状表现为呼吸困难或窒息，心跳加快，口吐白沫，抽搐，口鼻部和眼睛周围发蓝及红褐色血症等。轻度亚硝酸盐中毒症状表现生长缓慢、不孕、流产、维生素缺乏和牛体不洁等。一般来说，水中硝态氮（NO_3^-）的安全浓度在 10mg/L 以下，硝酸盐的安全浓度在 44mg/L 以下（见表 4-3）。在评估潜在的硝酸盐问题时，也要将饲料中的硝酸盐考虑进去，因为饲料和水中的硝酸盐的作用效果是可加的。

表 4–3　肉牛饮用水中硝酸盐浓度风险程度的指导说明

硝酸盐 /（mg/L）	应用指南解释
0~44	反刍动物饮用是安全的
45~132	与用低硝酸盐原料配合的平衡饲粮一起使用通常是安全的
133~220	长期饮用可能有害
221~660	饮用有风险，可能导致肉牛死亡
≥ 661	不安全，可能导致肉牛死亡，不可作为饮用水

（4）水中的硫酸盐

目前还没有确定水中硫酸盐的指导性含量标准，但通常建议犊牛饮用水中硫酸盐浓度应低于 500mg/L，而成年牛应低于 1000mg/L。当水中硫酸盐浓度高于 500mg/L 时，应确定硫酸盐或硫元素的具体存在形式。硫的存在形式是决定其毒性大小的重要因素。硫化氢的毒性最大，当其浓度达到 0.1mg/L 时就能降低肉牛的饮水量。水中硫酸盐主要以硫酸钙、硫酸铁、硫酸锰和硫酸钠的形式存在。这些硫酸盐都可以起到通便的作用，其中硫酸钠效果最好。当给牛饮用硫酸盐浓度高的水（2000~2500mg/L）时，最初会出现腹泻的症状，但似乎会逐渐对这种腹泻作用产生抗性。

硫酸铁对饮水量的影响较其他硫酸盐更大。肉牛在短时间内（少于 90 天）耐受硫酸盐浓度最高为 2500mg/L 的饮水，而且不会出现严重的代谢问题。实验中，当有硫酸盐浓度低的水

可供选择时，青年母牛会拒绝饮用硫酸盐浓度为 2500mg/L 的水。在饮用不同硫酸盐浓度的水时，母牛健康状况、繁殖性能、体重变化或犊牛出生体重均没有显著差异，但对于饮用水中硫酸盐浓度高的母牛而言，其所产犊牛的断奶体重低。饲料和饮水中硫酸盐含量高与肉牛脑脊髓灰质软化（PEM）密切相关，并且会降低饲料采食量和饮水量。

（5）其他营养成分和污染物

水中其他营养成分和污染物有时也会对肉牛的健康造成危害。对水中大肠杆菌和其他微生物的数量进行微生物学分析，对于确定饮水的卫生品质非常必要。常见的微生物分析主要是测定大肠杆菌总量，而不是分析特定种属的大肠杆菌数量。分析结果通常以最大或然数（MPn）表示，这个最大或然数是表征大肠杆菌存在数量的指标（0MPn，符合要求；1~8MPN，不符合要求；> 9MPn，不安全）。更加专门化的污染情况分析是进行粪便大肠杆菌的检测。来自于人类和动物粪便污染的大肠杆菌是可以直接检测的，这样就获得了有关污染物来源的信息。水中大肠杆菌对肉牛健康状况或瘤胃微生物区系的影响程度如何，目前尚不清楚。

第二节　生态饲料配制技术

饲料是牛的重要营养来源，在养殖牛的时候怎样搭配好牛的饲料是很重要的。

一、肉牛常用饲料原料的营养特点

（一）大麦

大麦中饱和脂肪酸含量高，脂肪含量低，只有 2%，用大麦育肥肉牛，胴体脂肪硬挺，品质极佳，所以，大麦是生产高档牛肉最好的能量饲料。在屠宰前期饲喂大麦，对改善牛肉品质有其他饲料不能替代的功能。最好的使用方法是细磨饲喂。

（二）玉米

玉米是一种高淀粉、高热能、低蛋白质的谷物饲料，干物质含量 88% 左右，粗蛋白质含量约 9%，既是肉牛生产的优质饲料，又是肉牛日粮中首选的能量饲料。黄玉米含有较多的胡萝卜素、叶黄素，容易使脂肪颜色变黄，影响胴体品质，因此，在进行高档肉牛生产时，特别是在育肥后期及年龄较大的牛，应尽量减少黄玉米的用量，改用白玉米。玉米磨碎饲喂效果最好，以湿磨更佳。

（三）高粱

高粱的主要缺点是含有单宁，但经过适当加工，如碾碎、裂化、蒸汽压片、粉化、挤压等，可以使营养价值提高 15% 左右。高粱与玉米混合利用，效果较好，主要原因是肉牛适应高能日粮，减少了酸中毒的机会，同时还能有效利用肉牛的生长潜力。

（四）麦麸

麦麸作为肉牛饲料，在育肥后期不能多喂，因为麦麸含磷、镁太高，饲喂过多易导致尿道结石，一般用量控制在10%~12%。

（五）米糠

脱脂米糠饲喂效果好。未脱脂米糠中脂肪含量高，不易保存，若饲喂过多，不但易造成肉牛腹泻，且胴体脂肪变软，影响品质。

（六）棉籽饼

棉籽饼在育肥肉牛日粮配制中无比例限制，牛肉中棉酚积累的含量远远低于卫生标准，不会对人体产生毒害作用。棉籽饼可以直接与玉米粉、青贮饲料、酒糟等饲料配制，不用浸泡，大块的可以加工粉碎，机械压榨的小薄片棉籽饼无须粉碎即可使用。

（七）稻草

水稻产区，稻草是牛的主要粗饲料来源，也是牛的填充料。碱化处理可以提高稻草的利用率，机械处理以铡成1~1.5厘米为宜。

（八）玉米秸

是饲养肉牛比较理想的粗饲料，宜制作青贮饲料或风干后粉碎使用。

（九）小麦秸

小麦产区，麦秸是牛的主要粗饲料来源。碱化处理可以提高麦秸的利用率，机械处理以粉碎成0.2~0.7厘米长为宜，可以与青贮饲料、混合精料等直接搅拌饲喂。

（十）干草

干草适口性好，是牛的上等粗饲料，但在进行高档牛肉生产时，干草的饲喂量在育肥后期应有所限制，一般只占日粮的5%~10%，否则会影响牛胴体品质。干草的利用方法，以制成颗粒饲料饲喂效果最好。

二、肉牛常用饲料制作方法

做好肉牛常用饲料的调制工作，对提高饲料的利用率十分有益。

（一）碎化

稻草、薯秧、青草、干草等，都应切碎后再饲喂。

（二）粉化

干草、粮谷等作饲料，必须磨细粉化再喂，以助消化。

（三）浆化

甘薯、木薯、豆类及饼粕等做饲料，应浸泡后打浆饲喂，这有益于消化，提高饲喂效果，还可减除饲料中氢氰酸等毒素。

（四）芽化

籽粒饲料发芽生长到10厘米时，其中维生素含量，特别是胡萝卜素和核黄素的含量极为丰富，是良好维生素来源之一。

（五）风化

青鲜饲料收割后，活细胞仍在氧化消耗饲料中的营养素，且微生物迅速繁殖以致变质。因此，青鲜饲料应及时风干，但不能暴晒，以免维生素损失。

（六）软化

玉米、麦类、高粱和豆饼等，喂前宜用淡盐水浸泡，使之软化后再喂，既省饲料，又易消化。

（七）热化

豆类饲料宜用蒸煮法加工调制，以破坏豆中抗胰蛋白酶，增加豆蛋白中有效的蛋氨酸和胱氨酸，可提高饲料的生物价值并增加适口性。蒸煮时间约为 50 分钟。

（八）贮化

即青料贮于各种窖、池、缸及无毒的聚乙烯塑料袋中。窖贮可在厌氧条件下进行发酵，生成乳酸，以保护青料营养物质，提高利用率和消化率；塑料袋青贮则长期保鲜不霉变，营养丰富，适口性好。

（九）碱化

即用 1% 的生石灰乳对粗料进行碱化。以水能浸泡饲料为准，浸 24 小时取出饲喂，不用水冲洗，饲料碱化后家畜可充分消化吸收其营养，且补充钙、镁、钾、钠等微量元素，还可提高采食量和消化率。

（十）酸化

用适量磷酸拌入青料贮藏后，再补充少许芒硝，可使饲料增加含硫化合物，有助于非蛋白化合物形成菌体蛋白，增强乳酸菌的生命力，从而增加营养价值。

（十一）氨化

先将粗料切成 2~3 厘米，每 100 千克粗料加 15% 的氨水 12~15 千克，分层压实，逐层喷洒、封严。在室温 25~30℃时经 7 天氨化即可。开封时充分曝气，使余氨挥发净再饲喂，粗料氨化后营养价值显增，如稻草所含粗蛋白比未经处理的稻草高 40%~80%。

（十二）醛化

用甲醛处理饲料、青贮料和干草，均可提高其营养价值。如在添加 0.12% 甲醛和 0.14% 乙酸所制成的禾本科和豆科混合青贮料时，热能损失少，且在青贮过程中几乎完全制止了蛋白的破坏，同时增加了青贮中非溶性的蛋白质营养成分。

（十三）糖化

将 100 千克粗料加入配制好的酵素（曲药）2~5 千克，加水 100 千克搅匀入缸封闭，使温度上升到 40℃左右，再将饲料压紧、封严，控温经 2~4 天即可取料饲喂。饲料糖化后具有酸、甜、香、软、熟等特点，适口性极好，饲喂效果好。

三、肉牛常用饲料的主要成分及其调制

肉牛养殖在追求生长速度和肉品质的同时也要兼顾饲料成本。饲料成本在总养殖成本中的占比很大，因此，需要充分利用当地的饲料资源，发挥当地饲料优势。饲喂肉牛的饲料种类有很多，可以细分为青饲料、粗饲料、精饲料、矿物质饲料、维生素类饲料和饲料添加剂等，不同的饲料种类有其特点，可以为肉牛的生长发育和增重提供不同的营养物质。要注意各种饲料间的搭配，虽然肉牛是反刍动物，以采食粗饲料为主，但是也要定期饲喂精料，要权衡各饲料之间的关系，选择合适的原料，做好肉牛饲料的配制工作，掌握好饲料配制的原则，这样才能缩短饲养周期、降低养殖成本，获得理想的经济效益。

（一）青饲料

一般新鲜可以利用的绿色植物都可以称为青饲料，用于饲喂肉牛的青饲料主要包括牧草、农作物的茎叶、树木的细枝嫩叶、蔬菜等。青饲料的特点是营养全面、鲜嫩多汁，适口性好，易于消化吸收，但是能量的含量较低。用来饲喂肉牛可以保证瘤胃的正常功能，可加速新陈代谢，增强食欲，对生殖机能也会起到良好的促进作用，尤其是在夏季饲喂肉牛，还可以起到防暑和提高采食量的作用。但是青饲料不可以单独饲喂，否则无法满足肉牛的生长发育和增殖需求，这就是夏季放牧的肉牛需要在归牧后补饲的主要原因。

1. 青贮饲料的原料

青贮饲料是肉牛养殖过程中的一种主要饲料，有着极其丰富的营养。对于肉牛养殖具有很大作用，有助于养殖户效益的提高。青贮饲料的主要原料是玉米秸秆、小麦秆、青草这些材料。

科学收割。如果以玉米秸秆为原料，要科学制定收割时机。如果收割的时间过早，就会影响产量，如果收割时间太晚，也会降低青贮饲料的品质。青贮玉米的收获时间应该根据实际情况来进行。通常情况下，判断是否可以收割的方法有两种，一是在玉米乳熟末期到蜡熟前期这个阶段，还有就是当玉米整株的茎叶率达到 90% 以上，含水量在 70% 左右这一时期，是玉米收割的最佳时期，也是玉米营养和产量最好的时期，对于收获工艺来说，青贮玉米分段收获法和直接收获法，是当前人们最常用的两种。其中，分段收获法是利用收割机将青贮原料切割送到贮存场地，然后再用切碎机将其切碎进行存放；而直接收获法则是用收割机或者有玉米割台的收割机，直接在田间收割，切碎并且保存。只有把握好玉米的生长期，科学收割，才能有效地保证青贮饲料的品质。

合理晾晒。合理晾晒也是一个重要的环节，如果玉米收割时秸秆水分含量过高，那么其一定是需要进行晾晒的，通常情况下要保证玉米秸秆水分含量在 65% 左右，就可以进行接下来的制作了。

运输、切碎和密封。当玉米秸秆收割并且完成晾晒后，应及时运输到铡草地进行切割。因为如果玉米秸秆放置的时间过长，养分和水分就会严重流失，所以一定要及时运输切割。另外，青贮原料在切割时一定要切断并且压实，将空气排出并密封保存。

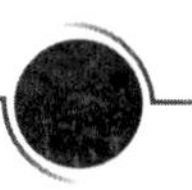

2. 科学选择青贮容器

科学选择青贮容器也是不能忽视的，在贮藏上可以选择窖贮、袋贮或者池贮。所贮存的容器一定要有足够容积，并且有着良好的密闭性。以窖贮为例，将收割并且切割制作好的青贮玉米放入藏窖，防止阳光暴晒和堆积发热损坏饲料变质。在装满后也要用塑料膜密封，盖上 30 厘米的细土，然后铺上一层麦秸或者干玉米秸秆，来有效防冻，直到饲料完全成熟以后进行投喂时，才能开封使用。

3. 加强水分控制

在制作和管理青贮饲料过程中，对青贮饲料的水分进行控制也是关键的部分。如果在使用两种或两种以上的青贮原料时，一定要将切好的原料进行充分搅拌混合，再装入到容器当中，检查含水量。根据实验数据表明，玉米秸秆的含水量在 65% 左右，所制作出来的青贮饲料品质是最佳的。假如含水量过高，青贮饲料会变质，如果水含量太低，也很容易滋生细菌，所以一定要控制好水分，根据实际情况对青贮原料的水分进行灵活控制。如果含水量少，则可以适当地洒水，调节含水量。

4. 避免出现二次发酵

青贮饲料制作完成以后，也不能掉以轻心，为了防止出现原料的二次发酵，一定要加强对饲料管理，做好通风工作，防止发生发霉的现象。对此，要保证其密封性，青贮原料的重量越重越优良，不能对原料进行过度干预，每次使用青贮饲料后，要用薄膜封好。

（二）粗饲料

粗饲料是肉牛养殖必不可少的饲料，由于肉牛消化系统的特点决定着肉牛以采食粗饲料为主。粗饲料种植较多，用于饲喂肉牛的粗饲料主要包括干草和农作物秸秆。干草是由青绿饲料在适宜的时间刈割后采用一定的方法干制而成的饲料，与秸秆比营养价值要高一些，适口性也要好一些，是饲喂肉牛的主要饲料。豆科青干草的营养价值高，干草的营养价值与品种、刈割时机和干制方法有直接的关系，因此调制时应注意这几方面的影响因素。饲喂肉牛的农作物秸秆主要有玉米秸秆、水稻秸秆等，粗纤维的含量较高，适口性较青干草差，在饲喂时常加工调制成青贮料或者微贮料等，以提高营养价值和适口性。

1. 肉牛粗饲料的概况

粗饲料是指在饲料中天然水分含量在 60% 以下，干物质中粗纤维含量等于或高于 18%，并以风干物形式饲喂的饲料。例如农作物秸秆、牧草、酒糟等，其中玉米秸秆、稻草、花生秧、甘薯蔓等是肉牛养殖比较常见的粗饲料资源。

粗饲料的种类。粗饲料分为常规粗饲料和非常规粗饲料。农作物秸秆例如玉米秸秆、稻草等常规粗饲料属于低质粗饲料，其主要成分是粗纤维，中性洗涤纤维（NDF）占干物质的 70%~80%，特别是木质素，很难被瘤胃微生物降解，粗蛋白质含量 3%~6%，代谢能较低，甚至为负值。同时，低质粗饲料中矿物质含量较低，维生素含量更低。全株青贮玉米、黑麦草、紫花苜蓿、牛鞭草、酒糟等非常规粗饲料属于优质粗饲料，其粗蛋白含量一般在 10% 以上，甚至可以达到 20% 左右。优质粗饲料的粗纤维消化率较高，矿物质含量丰富，部分豆科牧草中钙含量超过1%，维生素含量也很高。

粗饲料的加工方式。粗饲料加工方式分为物理加工和化学处理。物理加工和化学处理可以提高粗饲料的消化率，改善其适口性，提高其利用价值。物理加工是最简便最常用的方法，常用的物理加工方法有粉碎、揉碎和盐化、浸泡等。加工后可以使秸秆等较粗的粗饲料便于咀嚼，减少能耗，提高采食量，减少浪费，是比较理想的加工方式。化学处理是利用酸、碱等化学物质对粗饲料进行处理，降解纤维素和半纤维素，利于肉牛消化，提高其饲喂价值。常用的化学处理有碱化处理、氨化处理、氨－碱复合处理等。处理后可以提高粗蛋白含量和消化率。

2. 不同粗饲料对肉牛生长发育的影响

（1）常规粗饲料对肉牛生长发育的影响

玉米秸秆、稻草等常规粗饲料营养价值较低，消化率很低甚至是负值，育肥效果差。李爱科研究发现，肉牛在单独饲喂稻草时，其代谢能进食量平均为63.47KJ/kg体重，而代谢产生热量为90.55KJ/kg体重，即能量平衡为－27.08KJ/kg体重，该负平衡的能量主要来自体脂肪的消耗，导致体重下降。苏秀侠等研究发现，对肉牛饲喂玉米全株青贮、鲜秆青贮、玉米秸秆，日粮消化率、日增重、产肉率及肉品质均以全株青贮日粮组为最好，鲜秆青贮次之，玉米秸秆最差。王晋莉等利用干玉米秸秆、微贮秸秆、氨化秸秆、黄贮秸秆和玉米全株青贮饲喂肉牛，玉米全株青贮肥育肉牛效果最好，其次是氨化秸秆，再次是微贮秸秆，干玉米秸秆最差。

（2）非常规粗饲料对肉牛生长发育的影响

非常规粗饲料营养价值较高，育肥效果较好。吴道义等研究发现，饲喂酒糟生物料，肉牛日增重和干物质饲料报酬显著高于饲喂鲜酒糟，经济效益比较显著。童丹等研究发现，使用5%发酵豆渣代替饲粮中的豆粕饲喂肉牛，不影响适口性，可显著提高肉牛料重比，有很好的推广价值。冶兆平研究发现，将紫花苜蓿草粉和麦饭石添加到肉牛日粮中，比对照组增重率提高35.19%、饲料转化率提高36.14%，经济效益显著。刘燕研究发现，肉牛日粮中添加10%的紫花苜蓿鲜草较对照组可以提高肉牛的生长性能和养分表观消化率。于天明等研究发现，用15%~20%的紫花苜蓿草粉替代等同量的精料舍饲育肥肉牛，可以降低肉牛饲养成本，提高经济效益。杨士林等研究发现，肉牛日粮中饲喂紫花苜蓿可增加肉牛的采食量，加快育肥速度，提高肉牛饲料报酬。武婷婷等研究发现，用棕榈粕或豆皮部分（24.5%）及全部（49.0%）替代玉米可降低成本，未影响肉牛生产性能，且肉牛强度育肥后期用24.5%棕榈粕+24.5%豆皮替代玉米经济效益最好。

（3）不同粗饲料组合饲喂和不同加工利用方式的粗饲料饲喂对肉牛生长发育的影响

肉牛粗饲料饲喂中将低质粗饲料和优质粗饲料混合饲喂，可以取得良好的饲喂效果。唐赛涌研究发现，在青贮玉米为主的粗饲料中含有20%~40%的稻秸能取得比较好的饲养效果。李申发研究发现，肉牛日粮中粗饲料以玉米秸秆、苜蓿、玉米黄贮组合饲喂，日粮的能量利用效率及营养物质利用效率最高，表现出了最佳的组合效应。采用不同加工利用方式的粗饲料饲喂：温松灵等研究发现，肉牛分别饲喂青贮玉米秸秆、微贮玉米秸秆、氨化玉米秸秆，日增重明显高于干玉米秸秆，可以明显提高饲料报酬，降低饲养成本，提高经济效益，三种技术相比，青贮效果最好。王毅研究发现，对秸秆单独制粒以及将秸秆与精饲料混合制粒饲喂肉牛均

可显著提高肉牛的胴体重及屠宰率，且对肉品嫩度的改善有一定积极作用；同时对肉牛正常生理活动无不良影响。

3. 不同粗饲料对牛肉品质的影响

（1）饲喂非常规粗饲料对牛肉品质影响不大

用啤酒糟等非常规饲料饲喂肉牛，对牛肉品质影响不大，可以部分替代玉米。石风华研究发现，利用啤酒糟、豆腐渣等非常规饲料部分或全部替代玉米饲喂肉牛，对其屠宰性能、胴体指标和牛肉品质未见不良影响。杨雪海等研究发现，在饲喂肉牛的日粮中添加芝麻，并不影响肉牛的品质和营养价值，并对牛肉中的风味氨基酸和脂肪酸的组成有一定程度的改善和提高，可推广使用。

（2）饲喂优质粗饲料可以改善牛肉品质

用紫花苜蓿等优质粗饲料饲喂肉牛，不仅可以提高日增重，还可以改善牛肉品质。李晓东研究紫花苜蓿青干草对肉牛生产性能、胆固醇代谢及肌肉品质的影响发现，使用紫花苜蓿青干草可以显著降低牛肉中肌肉饱和脂肪酸的含量，增加不饱和脂肪酸的沉积，其中亚麻酸含量得到极显著改善，肌肉多汁性和嫩度变大，提高了肌肉的食用品质。添加紫花苜蓿青干草还可以增加必需氨基酸含量，提高肉的营养价值，特别是改善了肌肉中呈味氨基酸（天冬氨酸、丙氨酸、甘氨酸和谷氨酸）的含量，显著改善了牛肉的风味。冯兴龙研究发现，在育肥日粮中添加桑叶可以提高牛肉中粗脂肪、粗蛋白、蛋氨酸、赖氨酸、组氨酸、亚油酸及 α－亚麻酸的含量；添加苜蓿则可以提高牛肉中赖氨酸的含量。因此，肉牛育肥日粮中添加桑叶和苜蓿等优质粗饲料有助于优质高档牛肉的生产。

4. 不同粗饲料对肉牛消化率、血液生化指标的影响

不同粗饲料对肉牛消化率、血液生化指标的影响不同。陈艳等对 6 种肉牛常用粗饲料瘤胃降解特性和瘤胃非降解蛋白质的小肠消化率研究发现，不同粗饲料瘤胃降解特性不同，为小肠提供可消化粗蛋白质的潜力也不同。黑麦草的 DM、CP、NDF 和 ADF 在瘤胃的有效降解率最高，牛鞭草、玉米秸秆和稻草 RUP 的小肠消化率较高，黑麦草和甘薯蔓小肠可消化粗蛋白质含量较高。刘华等研究发现，肉牛饲喂苜蓿干草可以降低牛肉中血清谷丙转氨酶活性和低密度脂蛋白胆固醇含量，提高血清和肝脏总抗氧化能力，提高抗应激能力和肉品质。

（三）精饲料

精饲料的能量含量较高、粗纤维含量少，是肉牛生长发育和增殖的必需饲料，主要包括谷物以及豆类籽实等。其中饲喂肉牛的精饲料主要有禾本科籽实饲料，包括玉米、高粱、燕麦等，特点是含有大量的无氮浸出物；豆科籽实饲料，包括黄豆等，可作为良好的蛋白质补充料。另外精饲料还包括粮食加工类的一些副产品，如糠麸类、油饼类等。肉牛以采食粗饲料为主，但是需要搭配饲喂适量的精饲料，以保证肉牛摄入全面的营养物质，促进肉牛的增重。

1. 精饲料的种类

（1）能量饲料

能量饲料是指粗纤维的含量在 18% 以下，蛋白质含量在 20% 以下的饲料，肉牛的主要能

量来自于能量饲料，其在配合日粮中的占比最大，为50%~70%，主要包括禾本科的籽实饲料、面粉工业的副产品、块根块茎类饲料以及动植物的油脂等。其中禾本科的籽实是主要的能量饲料来源，因此需求量较大，占肉牛日粮的40%~70%，常用的主要为玉米、高粱等，其特点是干物质中无氮浸出物的含量高，纤维的含量少，消化率高。玉米作为主要的能量饲料其能值在所有果实类饲料中最高，广泛用于肉牛育肥中，玉米的品种不同营养价值也不同，黄玉米中胡萝卜素和叶黄素的含量较高，营养价值要高于白玉米。饲喂肉牛时，如果蛋白质、钙、磷的量得以满足后，可以全部用玉米来满足能量的需求。玉米经粉碎后消化率高，但是粉碎后的玉米不易贮存，易发霉变质，而整粒贮存可长期保存。在饲喂时要注意在育肥后期要减少或者停喂玉米，否则易改变牛肉的品质。高粱也是主要的能量饲料，去皮后高粱的营养组成与玉米相似，能值约为玉米的90%，种皮有苦涩味，适口性差，一般不作为肉牛的主要饲料。除了玉米外，其他籽实类饲料如小麦、燕麦等也是常用的能量饲料。另外，谷物籽实的加工副产品，如米糠、麦麸也是常见的能量饲料，糠麸类饲料主要为谷实的种皮、少量的胚和胚乳，麦麸是辽宁地区常用的饲料，因加工的方式不同，其中的营养成分也不同。高能量饲料是指饲料中的无氮浸出物含量高，粗纤维的含量低，油脂属于高能量饲料，其能量是碳水化合物的2.25倍，在肉牛日粮中占有2%~5%，可通过在日粮中添加油的方法来提高能量的浓度，控制粉尘，增加饲料的适口性。块根块茎类饲料作为能量饲料主要是由于其中的淀粉和糖类的含量高，蛋白质的含量低，适口性较好，但是一般不用于肉牛育肥用，常用来饲喂犊牛和母牛。

（2）蛋白质饲料

蛋白质饲料是指蛋白质含量在20%以上的饲料，在肉牛育肥中起着重要的作用，影响着肉牛的生长发育和增殖。虽然用量较能量饲料少，但是作用非常大，一般占日粮组成的10%~20%。蛋白质饲料的能值与能量饲料相似，但是因其价格高，不能作为能量饲料使用。用于肉牛育肥的蛋白质饲料主要为饼粕类饲料，与麦麸一样，因其加工方法不同，饼和粕的营养价值也不同，其中饼类的能量高于粕类，但是蛋白质的含量则低于粕类。生产上常用的蛋白质类饲料为大豆饼粕，粗蛋白质的含量较高，为39%~43%，去皮的豆粕蛋白质含量更高，大于45%，日粮中除了能量饲料外，可用豆饼来满足肉牛全部的蛋白质需求。另外，豆饼的氨基酸平稳，适口性良好，但是胡萝卜素和维生素D的含量较低。除了豆粕外，棉籽饼（粕）也是常用蛋白质饲料，因其中含有有毒物质棉酚，因此饲喂量要控制，另外，在饲喂棉籽饼（粕）的饲料中加入微量的硫酸亚铁可促进肉牛的生长发育和增殖。饲喂肉牛的蛋白质饲料还包括蛋白氮，常用的是尿素。

2. 精饲料的加工

精饲料加工是指通过一些技术方法改变饲料的物理、化学或者生物学特性，精饲料加工的目的是提高饲料的营养价值，提高适口性、利用率，延长保存时间等。目前精饲料加工的主要方法有粉碎、制粒、浸泡、蒸煮等。

（1）能量饲料的加工

常用能量饲料为玉米，在加工时主要方法有粉碎、压片和蒸汽处理。粉碎是常见的加工方法，在粉碎时要注意粒度，如果粉碎的粒度过小，会影响玉米的消化利用率，还易引起肉牛消

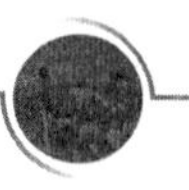

化不良。蒸汽处理或者压片是目前玉米加工较新的技术，可以将净能提高 5%~10%，而浸泡可以提高饲料的消化率。加工高粱时可将整粒高粱在水中浸泡 4 小时，晾干后再粉碎，可以提高饲料的消化率，这种加工方法成本低、效果好。保护蛋白质过瘤胃的方法。蛋白质饲料一般为加工好的饼粕类饲料，如豆粕。使用时可直接与其他饲料混合使用。蛋白质饲料的价格较高，因此在精饲料加工时可以使用保护蛋白质，其目的是降低蛋白质的用量，增加非蛋白氮的用量，从而降低饲料成本，提高肉牛的生产性能。保护蛋白质过瘤胃方法主要有使用天然的保护蛋白质，如酒糟、鱼粉等。加热加压处理，使蛋白质内氨基酸发生交联，降低降解率。还可以使用甲醛处理，方法是使用 0.8% 的甲醛均匀地喷洒在蛋白质饲料上，充分混合后再烘干。

（2）保护脂肪过瘤胃的方法

瘤胃脂肪过大时会降低粗饲料的消化率，使肉牛的食欲下降，采食量减少，通过添加保护脂肪可以有效地避免这一现象的发生。可通过用甲醛处理酪蛋白薄膜脂肪的方法，但是成本太高，因此目前可使用对整油籽地进行保护，方法是将油籽去壳、在碱内溶解、乳化、甲醛处理后再干燥，也可达到此目的。

四、肉牛饲料配制的原则

（一）满足肉牛的营养需求

在配制肉牛饲料时首先要考虑的是要满足肉牛的营养需求，不同品种、不同养殖环境下的肉牛，及处于不同生长发育阶段和生理阶段下的肉牛，其营养需求都是不同的，在配制饲料时要根据这一特点对各种饲料进行合理的调配，首先要保持饲料的全价性，满足对各种营养物质的需求，其次再注意各营养物质间的合理搭配。要注意肉牛的饲料是需要根据实际的养殖情况以及饲料原料的营养成分灵活调整的，要保证营养均衡，要在满足肉牛对能量需求的同时，还要兼顾蛋白质、矿物质、维生素等营养物质的摄入水平适宜，这样才能保证肉牛瘤胃健康，才能保证新陈代谢平稳地运作。不能一直使用一种饲料配方，否则不但会造成饲料的浪费，还会影响肉牛的生长发育和增殖。

（二）保持饲料多样性和丰富度

在满足肉牛营养需求的前提下，要尽可能地保证肉牛饲料的多样性和丰富度，从而提升不同营养物质之间的相互协调性，提高营养的互补性和适口性，还可以降低单一饲料中可能存在有害物质的影响，提高饲料利用率。因此，在配制饲料时，饲草类饲料品种一定要保证在两种或者两种以上，粗饲料最好在三种以上，从而使肉牛饲料营养更为全面，还可以改善饲料的适口性，提高肉牛的采食量。

（三）要考虑饲料成本

在配制肉牛饲料时要做好原料的选择工作，尽可能选择一个最为优化的组合，使各种饲料原料相互兼容，这样便于加工，还可以提高肉牛的消化吸收率。还有一个需要考虑的问题就是饲料成本，所选择的饲料原料要经济适用，在控制好饲料成本的前提下，再对饲料进行合理配置，这就需要充分利用当地的饲料资源，做好饲料原料的选购工作，对饲料原料的质量要重视，最大限度地控制好饲料原料的成本，以获得最大的经济效益。

（四）保证饲料安全

在配制饲料时要保证饲料安全、卫生，品质和等级要达到标准，严禁使用发生霉变的饲料，也不能使用有毒有害的物质，最好不要在肉牛的饲料中使用动物源性饲料或者过多地使用抗生素类添加剂，还要保证饲料中无铁钉、铁丝等金属杂质，以免肉牛在采食时中毒或者受到伤害。

第五章　饲草种植与粗饲料加工技术

第一节　主要饲草的种植技术

一、优质牧草种植的必要性

种草养畜，已成为我国广大农区种植业结构调整和农民致富增收的亮点，是集经济效益、生态效益、社会效益为一体的黄金产业。随着我国市场经济迅猛发展、养殖业蓬勃兴起，优质牧草在畜牧业中的作用越来越突出。要加快种植业结构调整步伐，实现种植业生产由二元结构向三元结构的转变，牧草的发展是关键。实践证明，种植优质牧草投资少、见效快，其经济效益显著地高于粮食等作物。种草养畜不仅可以实现牧草饲料的转化增值，增加收入，而且有利于提高植被覆盖率，防止水土流失；可以保护农业生态，减少污染，实现农业和畜牧业可持续发展。

畜牧业的发展对粮食有很大的依赖性，世界上畜牧业发达国家大多以大量粮食为后盾，而我国粮食产量虽然位居世界前列，但由于人口众多，人均占有粮食并不多，若将大量粮食留作饲料粮，就会造成畜与人争粮的紧张局面。因此，我国畜牧业今后发展的重点是稳定生猪和禽蛋生产，加快牛羊肉和禽肉的生产，突出发展奶业和牛羊肉生产，也就是要大力发展草食动物生产。发展牧草生产，是“节粮型”畜牧业发展的基础。目前，我国居民的膳食结构很不合理，其中猪肉比例高达 70%，而世界许多发达国家及地区人们肉食中猪肉所占比重均低于 40%，世界上许多发达国家的肉食主要来源于草食动物，如美国人的肉食中 73% 由草转化而来，澳大利亚约 90%，新西兰接近 100%，而我国只有 6%~8%，其余 90% 依靠粮食转化而来。据测算，如果我国畜牧业依靠现有的饲料资源发展草食动物，可养羊 2.8 亿只，养牛 2.1 亿头，增产 30 亿千克牛羊肉，可少养 6000 万头猪，节省粮食 1800 亿千克。因此，大力发展节粮型畜牧业，实行种草养畜，可尽快实行畜牧业内部结构的合理调整。逐步改善人民的膳食结构，从根本上解决人畜争粮的矛盾。

随着畜牧业的发展，饲草料的需求越来越大，只有建立优质高产人工饲草料基地才能解决这一问题。人工栽培牧草，本身具有生长迅速、生物量累积快等特点，人为的科学管理不仅可以提高产量，而且可以显著提高牧草的质量，为家畜的科学饲养创造良好条件。在人工栽培的草地上，可以根据家畜的营养需要，种植一些营养丰富、品质好的优良牧草如紫花苜蓿、黑麦草等，它们都富含家畜生长发育所必需的蛋白质、矿物质、维生素及碳水化合物，一般栽培牧草均比天然植被牧草的营养价值高、适口性好。目前，世界上常把人工草地的数量作为衡量一个国家畜牧业发展水平的重要指标之一，一般当人工草地占到草地总量 10% 时，畜牧业经济效益可以翻一番。因此，畜牧业发达国家都非常重视人工种草。

二、肉牛常用的牧草种植技术

（一）黑麦草

我国大部分地区均可种植。黑麦草利用种子进行繁殖，分为秋播（9—10 月）和春播（3—4 月）。黑麦草具有较强的抗冻性，不少养牛户一致认为黑麦草冬季可正常生长，其实不然，一般气温降至 10℃以下时生长便会受阻、气温降至 5℃以下时便会停止生长，一般秋播早者入冬前可以收割 1 次，盛夏前可以收割 2~3 次，亩产量可达 8000~10000 公斤。

图 5-1　黑麦草

1. 黑麦草的种植方法

（1）选择时间

黑麦草一般都在生长期的时候进行种植，往往在春天的 3—4 月的时候，挑一个温度在 15~25℃、春暖花开、比较温暖的日子来进行播种。

（2）土壤

黑麦草种植方法中最重要的是选对土壤，疏松又肥沃的砂质土壤就很不错，要是再加上一点透气性透水性的话就更加好了。要是在地上种植的话，需要提前翻地使土壤变得更加细润。如果是盆栽的话也需要在种植之前先松松土。

（3）温水泡种子

黑麦草种植方法中还要对种子进行处理，在种植之前需要将黑麦草的种子放在温水里面浸泡一天，这样才会增加黑麦草种子播种的成活率。

（4）播种种植

播种的时候注意将这些种子按照一条线的顺序进行播种。不需要挖坑，只要将种子均匀撒在土壤之上，播种之后再盖上薄薄一层土壤，稍稍压紧实一点，浇水使土壤微微湿润之后，就

可以等待植株发芽长出了。

2. 养护黑麦草方法

（1）除杂草

在种植黑麦草期间，一定要将它的生长环境控制住，不让土壤里面存有垃圾。生长旺季的时候，土壤里面也会长出许多杂草，一定要分清楚黑麦草和杂草的区别，千万不要拔错了植株。

（2）浇水施肥

在种植黑麦草的时候，一定要注意经常浇水养护。尤其是收割之后的空当，植株营养一下子失去了大半，需要多多浇水和适量施肥。

（3）修剪 / 收割

黑麦草在生长过程中是需要及时修剪的，修剪不仅会让外观好看，更是会促进枝叶长得更加茂密。而且在播种发芽生长之后 50 天左右的时候就要割第一次草。之后每过一个月左右的时间就可以收割一次了。

3. 黑麦草病虫害

（1）蚜虫

黑麦草最常见的病虫就是蚜虫病害了，它会吸食黑麦草的枝叶、茎秆和穗苗，引起植株营养和水分的大量流失，出现黄叶和叶苗枯萎现象，严重情况之下甚至会引起植株死亡。最好是 1.5% 的乐果粉用 500 倍的水兑开后，喷洒植株。

（2）黑穗病

黑穗病是会导致黑麦草的叶片、茎秆还有花朵生长不健康。一般表现为病菌侵染花房逐渐变成黑粉状态，时间长了之后，就连黑麦草的茎上也会生出黑色条纹。这样的干草要是被家畜吃了之后，会引起动物生病，甚至会危害我们的健康。

（二）苏丹草

这类牧草主要利用种子进行繁殖，每年可收割 3~4 次，亩产量可达 5~10 吨。不过这类牧草幼苗含有大量氢氰酸，牛采食后容易中毒，因此最好等生长到 1 米以上时再进行收割。

图 5–2　苏丹草

1. 苏丹草春末播种为宜

苏丹草采用播种是常见的繁殖方法，但也要选择合理的时期进行，那么苏丹草什么时候播种最好？一般情况下在春末进行播种最佳，主要集中在每年的 4 月份上旬到 6 月份进行，当地表温度达到 12~14℃的时候就可以进行播种。

2. 苏丹草的种植方法

（1）种子处理

播种苏丹草的时候，主要选取粒大饱满且无病虫害的种子作为栽培材料，播种前将种子放在太阳底下晾晒 1~2 天，再放在稀薄的磷酸二氢钾或者温水中浸泡 6~8 个小时，以打破种子的休眠，提高种子的发芽率。

（2）整地施肥

由于苏丹草的根系发达，播种前可将土壤深翻处理，以保证土壤有很好的疏松排水性，还要富含大量的养分，播种前要在土壤施足底肥，主要以腐熟的厩肥或者复合肥为主，之后加入适量的粉锈宁后充分搅拌均匀即可。

（3）入栽管理

在春末的时候将种子分别撒播在土壤中，在干旱地区则以条播进行播种，入栽后保持间距在 20 厘米左右，覆盖一层地膜和沙土后，浇入适量的水分后保持土壤湿润，大概 1 个月发芽生根，待种苗出土后进行移栽定植。

（三）墨西哥玉米草

我国大部分地区均可种植。墨西哥玉米利用种子进行繁殖，一般 2—4 月份进行播种，生长期达 180~240 天。一般水肥得当的情况下可以收割 7~8 次，亩产量可达 5~10 吨。

图 5-3　墨西哥玉米草

1. 整地施肥

墨西哥玉米草对土壤的要求不高，不管是微酸性还是微碱性土壤，都是可以进行种植的。墨西哥玉米草的须根扎土能力强，在种植前要深耕，这样能够让土壤更疏松，翻耕土地深度最

好在40厘米以上，不要低于22厘米。整地后要施加适量的基肥，基肥可以用农家肥，也可以用复合肥。翻耕整地后要做一个一米五宽的畦，为了防止水分的积存，还要挖好排水沟。

2. 选种催芽

种植墨西哥玉米草的话，要先选择优质品种，种子也要使用饱满且未受损的，最好是当年的种子，种子保存的时间越长，出芽率就会越低。为了让种子更快发芽，要在种植前用温水浸泡，使用35℃左右的温水浸泡24小时就行。

3. 进行种植

在进行种植的时候，温度需要保持在15℃以上，适宜种子发芽的温度为24~26℃。种植可用点播法，每个种植穴里放入2粒种子，覆盖上3~4厘米的土壤就行，不要覆土太厚，会影响种子发芽。播种后需要适当浇水，要保持畦面湿润，但是不能有积水。

4. 种植养护

种植后一周左右种子即可出苗，幼苗生长出5片叶子之前，它的生长速度很慢，长出5片叶子后长势会变快。在幼苗期间不要施肥，当幼苗长到30厘米时需要施肥，肥料可选择氮肥。在幼苗期还要做好除草工作，避免影响墨西哥玉米草的生长。土壤要保持湿润，发现土壤干燥后要尽快浇水。

（四）皇竹草

皇竹草为多年生禾本科牧草，因叶长秆高、秆形如竹而得名，适合南方绝大多数地区种植，一般以3—6月份为最佳栽种期，每亩栽种2000~3000株。皇竹草养牛是很多人都会选择的一种养牛方式。这种养牛方式会为养牛户节省不少的成本，让养牛户在一定程度上提高收益。掌握良好的皇竹草养牛技术可以让养牛变得更简单。

图5-4 皇竹草

1. 皇竹草养牛技术

养牛技术迅速发展，短期育肥牛不断增加，越来越多的人以短期育肥牛作为发家致富的好项目，并取得了可观的经济效益，但还存在着一些问题，要真正搞好养牛短期育肥，获得较高的经济效益，应避免如下几个问题：

（1）饲料多样精细加工

除了精饲料之外，育肥牛的日粮中必须有干草、秸秆等粗饲料。粗饲料成分不要单一，要尽量多样化，注意提高饲料的适口性，通过铡短、过筛等方式，仔细清除掉杂质，不提倡将粗饲料粉碎后饲喂肉牛。要采取先粗后精的喂料原则，促使牛多采食。

（2）公、母要分栏饲养

一般公牛比阉牛增殖速度高 10%，阉牛比母牛高 10%，但是公牛阉割去势后 1~2 月内影响生长发育。采用药物或激素去势，用药时间长、效果差，同时有药物、激素残留，肉品不符合卫生要求，所以在选购架子牛时要考虑性别对增殖速度的影响，公牛育肥不宜去势。

2. 新型皇竹草栽培技术

一般采取牧草茎节繁殖。温度 8℃以上的季节均可种植，像种甘蔗一样，将粗壮无病的植株切成段，每株只需一节，挖穴 7 厘米，竖直或是斜向上放，芽向上，覆土踩实，株行距 0.4 × 0.8 米，一周左右可出苗。每节当年可繁殖 30~50 根，可切几百节，第二年便可大量繁殖了。

收到新型皇竹草种茎后，用锋利的刀把皇竹草砍成一节一段，然后把所有的草放在一起，把速效生根粉用水稀释，浸泡 10 小时到 24 小时。

最后整地种植，这时一定要剥开种芽上的包叶，因为包叶会影响发芽。然后芽向上面按 45 度的方向埋在土里，然后盖 1 厘米到 2 厘米的泥土就可以，注意：尽量不要让泥土完全盖没了芽（如果能施点有机肥做基肥就更好了，但是要注意有机肥一定要完全腐熟，同时要用 3 厘米泥土隔开肥和草，要不然很容易烧苗），刚种的草一定要淋水，以后每天淋水一次，保持泥土湿润就可以，皇竹草没发芽前一定不能淋沼液或施肥，一定要等草出了芽而且长到 30 厘米高了（根完全长活了）才能施肥。

一般来说，7 天左右皇竹草就可以发芽，以后的管理就是勤施肥，勤收割就可以，这个草极小有虫害的。

皇竹草养牛，一亩皇竹草可以养 3~8 头牛，如果种植 10 亩皇竹草则至少可饲养 30 头牛，如果是催肥菜牛，一个月可长 30 斤肉，则一个月的毛收入计算如下：30 头 ×30 斤 / 头 ×10 元 / 斤 =9000 元。如果饲养的是改良牛（从小培养起），那一头牛一个月能长 30~40 斤，一个月的毛收入也是七八千元。效益也是不错的。

（五）紫花苜蓿

紫花苜蓿为多年生豆科牧草，富含蛋白质与多种维生素，因此又被称作“牧草之王”，适合我国大部分地区进行种植。紫花苜蓿利用种子进行繁殖，分为秋播（8—9 月）和春播（3—5 月），每年可收割 3~4 次，亩产鲜草 4000~8000 公斤或干草 1200~2400 公斤，其中以头茬草营养价值最高。

图 5-5　紫花苜蓿

1. 紫花苜蓿的特点

（1）抗逆性强

紫花苜蓿的耐寒、耐旱性强，在 5~6℃下即可以发芽，并且可以耐受 -5~-6℃的低温，并且长成的植株能耐 -20~-30℃的低温，如果有雪的覆盖下，甚至可以耐受 -40℃以下的低温。另外，紫花苜蓿的根系发达，入土深度可达 2~6 米，在降水量少的地方也可以生长，如果在温暖、干燥且灌溉条件好的地方生长极好。

（2）适应性强

紫花苜蓿的适应性极强，对土壤的要求不严格，在粗砂土、轻黏土中等均可以生长，但是适合在沟、渠、路、坡等地栽培，在土层深厚、钙质丰富、pH 值在 6~8、排水良好的土壤中生长得最好。但是紫花苜蓿忌长时间的积水，如果连续水淹 24~48h 会出现大量的死亡。

（3）再生能力强

紫花苜蓿有很强的再生能力，在刈割后再生速度快，如果在生长环境适宜、精心的管理下，一年可以收获 4~5 茬，分蘖能力强，并且产草量非常大。

（4）营养丰富

紫花苜蓿的营养价值非常高，按照干物质含量来算，含粗蛋白质 23.3%，消化能 8.54kJ / kg，粗纤维含量 23.6%，钙含量为 0.88%。在相同的地块上栽培，紫花苜蓿与禾本科牧草相比，营养价值丰富，可消化蛋白质高 2.5 倍，矿物质高 6 倍左右，可消化养分高 2 倍左右，并且叶片中的营养价值要高于茎秆中的营养价值。

2. 紫花苜蓿的栽培技术

（1）播种前的准备

在播种前需要精细地整地，因紫花苜蓿的种子细小，破土发芽的能力差，早期生长发育缓慢，因此需要在播种前进行精细的整地，做好深耕细耙，上松下实，同时还要将杂草清除干净。在深翻土地的同时还需要根据土壤的肥力施加底肥，以保证土壤的墒情和平整。除此之外，还需要对种子进行处理，如进行筛选，将秕粒、杂粒清除，并将种子与砂粒混揉，或者放入磨米机中碾磨，以提高发芽出苗率。

（2）播种

紫花苜蓿在播种时可以选择春播、夏播或者是秋播，春播的紫花苜蓿根系发达，利于越冬，秋播则以9月中下旬到10月中上旬为宜，播种量一般为每亩0.8~1.2公斤。播种以条播种或者撒播种的方式，其中以条播最佳，播种行距为30厘米，因紫花苜蓿的种子细小，要控制好播种的深度，一般要求播深在1.5~2厘米为宜，播种后要立即镇压，以提高发芽出苗率。另外，如果选择在从未种过紫花苜蓿的土壤中播种时最好对种子进行根瘤菌剂接种，利于苗齐苗壮。

（3）田间管理

良好的田间管理对于提高紫花苜蓿产量和质量都非常重要。在苗期的管理要点是清除杂草，消灭草害，以利于幼苗的生长。并且紫花苜蓿的幼苗期，在根瘤还没有形成时，少量的施加氮磷肥，促进幼苗的生长发育。在紫花苜蓿的生长发育期间，还要做好中耕除草的工作，以达到疏松土壤、保墒的作用，确保紫花苜蓿的正常生长发育。虽然紫花苜蓿的抗旱能力较强，但是也要适当地浇水，在干旱的季节和刈割后浇水对于提高草量都有好处，但是要注意不可在刈割后立即浇水，要在3~5天后待伤口愈合后再浇水，以免伤口感染。另外，值得注意的是，在紫花苜蓿的生长期要忌积水，在雨季要做好排水的工作。

（4）收获

如果紫花苜蓿作为饲料需要选择合适的刈割期，这样可以确保饲草的营养，应选择在现蕾期和初花期收获，此时的可消化总养分产量最高，刈割的次数也需要根据实地情况来确定，可以每年刈割4~6次，刈割时留茬高度在4~5厘米。最后一次应在霜降前1个月进行，并将留茬高度保持在7~8厘米，这样利于越冬，每次刈割后都需要适当地施肥和灌溉，以提高产量和品质。

3.紫花苜蓿的利用

（1）青饲

紫花苜蓿在畜禽养殖中的应用较为广泛，可以直接青饲，这是饲喂畜禽最为简单的一种方法，但是青饲时要注意紫花苜蓿不同生育期的营养是不同的，随着生长阶段的延长，其中的蛋白质含量逐渐地减少，而粗纤维的含量则增多，适口性变差，并且在饲喂时还要注意，新鲜紫花苜蓿的含水量较高，在使用时需要与禾本科搭配饲喂，并额外补充蛋白质和能量饲料，要控制采食量，因其中含有的皂角素易引起家畜患膨胀病。

（2）调制

青干草将紫花苜蓿调制成青干草，是各种畜禽喜采食的一种饲料，其营养价值高，可以替代部分的精料，并且青干草还可长期贮存，是肉牛和奶牛养殖不可缺乏的优质粗饲料。调制青干草的方法很多，常用的方法是人工干燥法和机械干燥，无论何种方法在加工青干草时都要注意收集叶片，减少叶片的损失，因紫花苜蓿叶片中的营养价值高。

（3）调制

将紫花苜蓿制成青贮饲料可以在冬春季节青绿饲料短缺时作为饲料的补充，在调制青贮料时对紫花苜蓿的刈割时间有一定的要求，选择在紫花苜蓿的初花期刈割，并且在调制时将原料的水分调节到70%左右，然后再加入乳酸菌进行密封发酵，调制出来的青贮料适口性好、营养丰富，可长期贮存。

（六）狗尾草

狗尾草为多年生禾本科牧草，具有耐旱、耐湿、耐阴、耐寒及耐践踏的特点，适合我国大部分地区进行种植，一般需要放牧的山地、丘陵种植最佳。一般多在4—6月份进行播种，可进行放牧也可进行收割，每年可收割3~4次，亩产量可达4~7吨。

图5-6　狗尾草

1. 狗尾草种植方法

狗尾草种植方法非常简单，可以直接通过撒播狗尾草种子的方式种植，一般选择的种植时间可以根据当地的气候，大多数都会选择在春季或者秋季的时候播种，因为这两个季节的气候非常稳定，能够达到非常不错的发芽效果。一般的情况下会在每年4月份到5月份的时候进行种植，这个时候气温不会出现忽高忽低的现象。

2. 狗尾草种子的购买

狗尾草种子在购买的时候是非常重要的，一定要选择优质颗粒饱满的狗尾种子，如果狗尾种子质量不是特别好，就会影响到发芽的效果。

3. 狗尾草适合的环境

狗尾草在种植的时候一定要选择适合的环境，比如要选择阳光充足而且排水量好的地方，这样才能够让它生长得更加旺盛，并且要适当地进行施肥，其实它在我国南方和北方都是非常受欢迎的，观赏价值特别高。

狗尾草带来的经济效益确实是非常不错的，而且观赏价值特别高，还能够达到净化空气的作用，所以是非常受欢迎的，其实它对改善环境的效果也是非常不错的。所以在种植的时候需要注意选择优质的狗尾草种子。

第二节　粗饲料加工技术

一、干草饲料加工技术

（一）肉牛粗饲料中干草的特点

肉牛干草粗饲料主要是在不同生长阶段植物收割后通过干燥保存饲料。干草主要包括豆科干草、禾本科干草两种类型，可以长期保存。饲喂干草饲料可以促进肉牛消化道蠕动，避免肉牛出现胃部疾病。同时由于干草内部具有一定含量的蛋白质、维生素及无机盐，在春季、冬季可以为肉牛提供维生素、无机盐等营养物质。

（二）肉牛粗饲料中干草的加工方法

1. 干草调制

干草主要是在草料质量最佳时期，将禾本科牧草或豆科牧草进行刈割获得原料。加工调制获得更加优质的粗饲料。在肉牛粗饲料干草加工调制过程中，大多选择在抽穗至开花期的黑麦草、燕麦等禾本科牧草，与孕蕾期至初花期的红豆草、苜蓿等豆科牧草同时刈割。通过特定时期加工调制黑麦草与红豆草、苜蓿等可以促使单位面积草地经济效益达到最佳。

在牧草刈割后，为了提高干草营养成分，可以根据天气条件选择自然调制干燥、人工调制干燥等方式。其中自然干燥主要是选择晴天将牧草进行长时间暴晒处理；而人工调制干燥主要是将刈割后牧草通过 720.0℃热空气，干燥 8.0s 左右。或者在 45.0℃环境内停留数小时，促使牧草在室内达到干燥状态。

在刈割干燥处理后可选择相对地势较高的位置（高于地面 15.0cm 左右），利用彩钢瓦、钢材，搭建 4.5m 左右高的干草棚，将干草储存在干草棚内。

2. 干草饲料初步制作

干草初步处理主要是选择水分含量较高的植物性饲料。在干草原料收获后，通过揉丝切碎、装填发酵、密封贮存等方式制备饲料。干草饲料具有适口性佳、气味酸香的特点。

3. 干草饲料机械加工

除人工加工外，干草饲料机械加工在肉牛养殖过程中应用也较频繁。常用的干草机械加工方法主要有压块、磨粉等。

首先，压块加工方法主要应用于公司与农户合作的肉牛养殖模式中。在压块加工方法应用过程中，需要利用饲料压块机加入饲料转化剂，将秸秆压制成压缩比例在 20% 或以上，且玉米秸秆截面在 30.0mm × 30.0mm 左右、长度在 25.0~100.0mm，密度在 750.0kg/m³ 的高密度饼

块。或者综合利用饲料压块机、烘干设备压制新鲜玉米秸秆、黑麦草、燕麦、红豆草等牧草饲料。压块干草粗饲料加工可以在保证干草营养成分的情况下降低干草粗饲料霉变概率。

其次，在磨粉加工方法应用过程中，需要选择没有发生霉变且含水率在 15.0% 以下的玉米秸秆、燕麦等草料。利用锤式粉碎机将其磨碎成长度 15.0mm 左右、宽度 2.0mm 左右的草粉。同时为了保证喂饲效果可将粉碎完毕的草粉进行适当配比。如可将粉碎完毕的玉米秸秆草粉、豆科牧草草粉依据 3∶1 的比例拌合。发酵 24~36h 后向每立方米混合料中加入 250.0kg 玉米面、8.0kg 骨粉，均匀混合后可获得干草粉发酵混合饲料。

4. 干草饲料储存

在干草饲料加工完毕之后，可以在窖底部铺设 0.20m 厚度的垫草。随后将加工完毕后的原料第一时间放入窖内。若加工后原料含水量超出 75.0%，则可以将其切割成层宽 2.0cm 的细条，逐层垒加并碾压密实，直至超出窖沿 80.0cm。在达到相应高度后可以直接在顶部均匀铺设一层秸秆及塑料薄膜。随后覆盖 0.30m 厚度的土进行封顶。除窖藏干草外，也可以选择袋装干草或裹包干草的方式。其中袋装干草主要是利用 0.20mm 厚的无毒塑料薄膜，制作成尺寸为 4.0m × 2.0m × 2.0m 的长方形，或者尺寸为 1.0m × 1.0m 的圆柱形袋。制作完毕后将干草饲料切碎装填入袋内，并在达到袋口 28.0cm 左右时扎紧袋口。每一个草捆的重量在 70.0~580.0kg；而裹包干草主要是利用打捆机将刈割后干草饲料切碎后的原料逐层挤压成一个密度较高的圆柱形草捆。随后利用丝网紧密包裹圆柱形草捆；最后利用厚度为 0.025mm 的拉伸膜重复包裹草捆，密封保存。裹包干草的方式较适用于规模化生产，便于运输，且不受气候影响。

二、农作物秸秆饲料加工技术

秸秆做牛饲料可以促进物质转化和良性循环。农作物秸秆具有产量大、分布广、供应稳定的特点，应合理利用。肉牛养殖业是一项传统产业，是发展农村经济、增加农民收入的一项主导产业。以玉米秸秆为主的农作物秸秆是养牛的主要饲草来源，为此，秸秆的利用率直接影响资源供给、养牛产业发展、农民养牛增收。秸秆的科学加工利用是提高秸秆利用率的一项有效措施。

（一）秸秆利用的现状

我国农作物秸秆每年的总产量超过 7 亿 t，其中稻草类 2.3 亿 t，小麦秸秆 1.2 亿 t，玉米秸秆 2.2 亿 t，其他农作物秸秆 2 亿 t。玉米秸秆作为青贮饲料的原料或粉碎还田做肥料，得到了较充分的利用，而稻麦类秸秆由于体积大、收集困难、储运成本高、农事集中且应用效益低，基本上未得到利用。目前国内许多地区采取免耕法种植，大部分稻麦类秸秆都是在田间焚烧销毁，不仅浪费了宝贵的资源，而且造成了大气污染、土壤矿化，甚至引发火灾或交通事故等大量社会、经济、生态问题，成为政府关心、社会关注的热点和难点。因此，综合开发利用稻麦秸秆资源，使之符合减量化、再使用和再循环的原则，从而实现低消耗、低排放和高效率，已成为解决秸秆利用问题的当务之急。

（二）秸秆利用的价值

随着传统能源煤、石油、天然气逐渐减少，农作物秸秆正成为传统能源的替代品，被用来发电和提取乙醇等生物原料。目前发达国家在替代能源方面开展了大量研究，如日本的阳光计划、美国的能源农场、巴西的乙醇能源计划等，都是以农作物秸秆利用为核心展开的。除了积极研究开发秸秆综合利用的新途径外，国外对秸秆的传统利用方法也比较重视。稻麦秸秆含有大量的粗纤维、一定量的蛋白质、少量的钙磷和维生素，是饲喂草食动物的原料，在我国农村就有用稻麦秸秆饲喂耕牛的传统习惯。农作物秸秆只要加以合理的利用和科学的处理方法，就能成为良好的饲料原料。这样既可以提高秸秆的利用价值，又可以增加农民回收农作物秸秆的积极性，减少田间焚烧秸秆现象的发生。如今的农村肉牛养殖，特别是在农区，基本上都是采用圈舍栏养模式，这种养殖模式为采用含混合日粮饲料养殖肉用商品牛提供了基础，也为综合利用稻麦秸秆、青绿牧草和其他饲料原料制作肉用商品牛配合饲料提供了必要条件。

（三）合理配置肉牛饲料

配制肉牛饲料可根据《肉牛营养需要和饲养标准》，针对肉牛不同品种和生长阶段，合理利用秸秆、牧草和其他饲料原料。对回收的农作物秸秆应进行物理、化学和生物学处理，可对秸秆杀毒灭菌，增加秸秆保存时间，提高瘤胃蛋白质的转化。

1. 秸秆的化学处理法

化学处理方法主要有碱化法、氨化法和复合化学处理法。用碱性化合物（如氢氧化钠、氢氧化钙、氨及尿素等）处理农作物秸秆，可以打开纤维素、半纤维素与木质素之间对碱不稳定的酯键，溶解半纤维素、一部分木质素及硅，使纤维素膨胀，暴露出超微结构，从而便于微生物所产生的消化酶与之接触，有利于纤维素的消化。一般秸秆作物中仅含有 3%~5% 的粗蛋白，而 35%~40% 为粗纤维，其消化率仅为 35%~45%。经氨化处理后的秸秆粗蛋白含量增加了 1.4 倍，干物质、粗纤维消化率分别达到 70%、64.4%，有机物的消化率可提高 10%~12%，反刍动物采食量可提高 48%。

近年来，随着秸秆化学处理的发展，有研究者提出用尿素 + 氢氧化钙调制秸秆的复合化学处理法，有试验表明该方法效果好于氨化或碱化单一处理。

2. 秸秆的生物学处理法

生物学处理法包括青贮、发酵、酶解等，其中最常见的为青贮。青贮的原理是在厌氧条件下，通过附生于植物体的乳酸菌，利用原料中的可溶性碳水化合物，厌氧发酵产生有机酸（主要是乳酸），导致 pH 值下降，从而杀灭各种微生物或抑制其繁衍，达到保存青绿饲料的目的。青贮处理可使玉米秸秆消化率提高 10% 以上。外加添加剂的青贮饲料效果优于普通青贮饲料，有试验表明，按 0.5% 比例向铡短玉米秸秆中加入乳酸菌溶液进行青贮处理，其干物质及有机物降解率高于普通青贮饲料，饲喂肥育架子牛效果明显。

3. 秸秆的物理处理法

物理处理法有铡短、粉碎、压块、膨化等，目的是使粗饲料体积变小，便于家畜采食和咀嚼，从而提高采食量。用秸秆原料加工饲料应设置磁选工序，这是因为牛舌表面粗糙，肌肉发

达结实，适于卷食草料，饲料第1次通过口腔时不充分咀嚼，吞咽很快，因此对饲料中异物（毒草、铁钉、玻璃）的剔除性很差，容易误食并吞咽入胃中，导致胃炎或破胃壁至心包，引起创伤性心包炎等疾病。

牛喜欢吃青绿多汁的饲料和精饲料，最不喜欢吃秸秆类粗饲料。牛对铡短的干草采食量较大，对草粉采食较少，草粉加工成颗粒饲料后，采食量可增加50%，因此肉牛配合饲料应制成颗粒型饲料。这样既可防止饲料在运输和使用中因原料比众不同出现分级现象，又能提高肉牛的饲料采食量。

4. 饲料的组合效应

饲料中各营养物质之间不是孤立存在的，它们普遍存在着协同、转变、拮抗和替代等作用。大量研究证明，动物从配合饲料中所获得的净能及对饲料的表观消化率并不等于单个饲料的净能及表观消化率的相加，不同饲料源的营养物质之间存在着整体互作效应。在配制肉牛饲料时，应考虑日粮中粗饲料、精饲料、矿物质、维生素及蛋白质、氨基酸等物质的平衡。对于圈舍栏养模式的肉牛，应根据不同的生长阶段，配制不同的肉牛配合饲料。

在配制肉牛饲料时，秸秆和牧草要添加到量。因为喂给肉牛容积大的粗饲料，不仅能使牛有饱腹感，还有利于反刍及提高瘤胃的消化功能。给牛大量饲喂秸秆时，从肉牛营养需要和瘤胃发酵的角度讲，一定要补充精饲料和青绿饲料，蛋白质饲料不足时要补充尿素，如秸秆饲料中加入少量青绿饲料或适量添加双缩脲等非蛋白氮，均能提高纤维素的消化率。

精饲料或谷物饲料整粒饲喂，大部分未被咀嚼而咽下，沉于瘤胃底部，未经反刍及再咀嚼便直接进入网胃及后消化道，造成过料不能消化而浪费。

每日饲喂的各种饲料，与瘤胃内各种微生物及其发酵活动有密切关系，因此喂量要保持相对稳定，突然更换饲料，会降低瘤胃的正常发酵，影响各种饲料的消化吸收，如较久饲喂干草秸秆等粗饲料，突然饲喂大量的刚割的青草，或一直饲喂混合精料，突然饲喂大量酒糟等糟渣类饲料，均会引起瘤胃鼓胀腹泻等疾病。因此，更换饲料种类，必须逐步进行，使瘤胃微生物逐渐适应饲草、饲料的变化，保持瘤胃内环境的相对稳定。

近年来的研究证明，在瘤胃微生物合成的微生物蛋白质中，蛋氨酸和赖氨酸较缺乏，为牛的限制性氨基酸；在成年牛或肥育牛饲粮中添加经特殊保护剂处理的蛋氨酸、赖氨酸添加剂，可以使这两种氨基酸在瘤胃中不被微生物分解（如过瘤胃蛋氨酸），直到进入小肠后才被吸收利用。圈养牛不能自由放牧采食新鲜青草，应补充矿物质和维生素。

三、氨化秸秆饲料加工技术

随着我国肉牛产业的发展，粗饲料数量不足或质量不高是一个极为突出的问题。要解决这一问题，除大力发展优良牧草以外，秸秆也是一种可以利用的饲料资源。但其含氮量较低，纤维类成分较难被消化。长期以来，许多科学工作者企图通过适当加工以提高秸秆的利用价值，目前看来氨化处理是一种较为理想的加工方法。为开辟新的饲料资源，近年来我们对氨化粗饲料进行了一些研究。

（一）氨化秸秆的优点

氨化秸秆是目前一项较为成熟的饲用秸秆的处理技术，不但制作简单，而且效果明显。氨化是利用碱和氨与秸秆发生碱解和氨解反应，破坏木质素间的化学键。秸秆经氨化处理后，质地变得柔软蓬松，适口性提高，饲喂家畜后可明显提高采食量和采食的速度。经研究表明，经过氨化的秸秆的饲喂效果可与中等质量的干草相同；秸秆经氨化后粗蛋白的含量增加，可提高1~2 倍，饲料的消化率提高，有机质的消化率可提高 20% 左右，其中大量的纤维素变得易于消化，可在瘤胃中发酵转化为能量，提高肉牛的生产性能。肉牛在采食经氨化的秸秆后，还可使肠道通畅，改善消化功能。

（二）氨化秸秆的制作方法

秸秆氨化的位置应该地势高燥、面积较大、背风向阳，可在离圈舍或者饲料加工较远的地方建造氨化池，或者进行堆垛氨化，方便投取料。建造氨化池应选择背风向阳、地势较高、土质坚硬、地下水位低的地方。氨化池的形状为长方形或圆形，容量要根据家畜的养殖数量来确定，挖好池后用砖铺底和砌垒四壁，用水泥抹面。堆垛法是使用塑料薄膜将氨化后的秸秆密封、贮存。

1. 原料选择

用于氨化的秸秆原料可为玉米秸秆、麦秸或者稻草，原料要求新鲜干净、无杂质、无霉变，含水量应保持在 20%~40%。

2. 氨化饲料的制作

氨化秸秆的制作方法主要有氨化池氨化法、窖青贮氨化法和塑料袋氨化法。其中氨化池氨化法是将秸秆切断至 1.5~3cm，再用温水将秸秆重量 3%~5% 的尿素制成溶液，要求氨化秸秆的含水量为 40% 左右，即要求温水的使用量为每 100kg 秸秆用水量为 30kg，尿素量为 3~5kg。将配制好的尿素溶液喷洒在秸秆上，要求均匀，并且要边洒边搅拌，也可以铺一层秸秆，喷洒一次尿素，边铺边踩实。待铺满池后，用塑料膜封好池口，并且将四周用土覆盖密封。窖青贮氨化法，是将秸秆切断至 1.5~2cm，配制尿素溶液的方法同上，装填方法也同上，原料装满后在原料上盖一层秸秆或者碎草，再盖一层厚度 20~30cm 的土，踩实。在封窖时注意原料要高出地面 50~60cm，以防渗水，在氨化过程中要经常检查，如发现有裂缝的地方要及时补好。塑料袋氨化法将切断的秸秆喷洒尿素溶液后装进塑料袋，密封保存在向阳、干燥处，存放期间要经常检查袋口是否松开或者塑料袋是否有破损，如果发现问题要及时处理。

3. 氨化秸秆的品质

秸秆氨化的时间与环境温度有着密切的关系，要根据气温来确定具体的氨化时间，环境温度越高，氨化时间越短。如果气温在 5℃以下一般氨化 56 天以上，气温在 5~10℃，需氨化 28~56 天，气温在 10~20℃，需 14~28 天，气温在 20~30℃，需 7~14 天，气温高于 30℃时，仅需 1 周左右的时间。秸秆在氨化一定时间后即可开窖使用，但是在使用前要进行品质的鉴定，劣质或者发霉变质的氨化秸秆应弃掉，不可饲喂。品质优良的氨化秸秆的颜色应为杏黄色，质地柔软蓬松，用手握紧感觉扎手，气味为刺鼻的氨味和糊香味。

（三）氨化秸秆在肉牛养殖中的应用

氨化成功的秸秆饲料在开封后，经品质鉴定合格后也不可直接饲喂，应将其置于阴凉通风的地方晾晒几天，以消除其中的氨味，才可以饲喂肉牛。氨化秸秆放氨的地方应该选择在远离畜舍和生活区的地方，以免释放的氨影响环境，刺激人和肉牛的呼吸道及影响肉牛的食欲。取料时要有计划地进行，如在天气较为寒冷时取料，需要较长的时间放氨，在取料时可提前 2~3 天将要饲喂的量取出放氨，其余的密封保存，以防止氧化秸秆在短期内饲喂不完而发生霉变。在最初饲喂肉牛时，因肉牛无法适应，因此第一次不可饲喂过量，以防止氨中毒，要控制好饲喂量，在饲喂氨化秸秆的第一天将 1 / 3 的氨化秸秆和 2 / 3 的未氨化秸秆混合饲喂，以后则逐渐增加氨化秸秆的饲喂量，在几天后可让肉牛完全地适应采食氨化秸秆，而不再愿意采食未经氨化的秸秆饲料。在肉牛的日粮组成中，氨化秸秆的饲喂量可占日粮的 70%~80%，饲喂后不可让肉牛马上饮水，要在 0.5~1h 后再让其饮水。饲喂氨化秸秆时最好搭配饲喂一些含淀粉量较多的饲料，同时配合饲喂一定量的青贮饲料和矿物质饲料以及维生素 A 和维生素 D 等，可以充分发挥氨化秸秆的作用，提高饲料的利用率。在饲喂氨化秸秆的过程中要注意观察肉牛的状态，如果发现肉牛出现氨中毒的现象，要及时处理，对于轻度中毒者可立即服用 2~3L 的食醋，对于症状较为严重者可静脉注射 200~400mL 的葡萄糖酸钙溶液。

第六章　母牛的饲养管理与繁殖技术

第一节　犊牛的饲养管理

基于新生犊牛消化系统尚未发育成熟，且抗病能力差、易患各类疾病等特点，应加强犊牛的饲养管理。科学的饲养管理技术能够确保犊牛的健康生长，提高养殖户的经济效益。为此，养殖户应该高度重视犊牛的饲养管理技术，认识犊牛饲养管理技术的重要性。

一、犊牛的特点

（一）犊牛的生理特点

犊牛的瘤胃功能发育不完善、容积比较小，而且肠道消化能力比较差。此外，犊牛的免疫系统还不完善，很容易感染各类疫病，影响犊牛的成活率。在犊牛出生之后，自身的保温功能比较差，会受到外界天气变化的影响。

（二）抵抗能力差

刚出生的犊牛因为携带母牛的抗体而对外界的病毒和疾病有一定的抵抗能力，但是如果受到外界不利环境影响或者饮水和饲料资源受到污染也会引发疫病。

（三）对营养条件要求高

犊牛出生之后，生长环境发生了明显的改变，同时对饲料营养提出了更高的要求，需要采取母乳喂养的方式。如果母乳不够，应该人工补充，满足犊牛的生长需求。另外，因为犊牛的抵抗能力比较差，对饲料和饮水资源的要求较高，如果营养不均衡和不合理，会影响犊牛的生长。

（四）对养殖环境要求高

犊牛对外界的温度条件的要求比较高，如果外界环境突然发生变化，会增加患病的风险，同时也不利于犊牛的生长。在犊牛出生之后必须做好保温工作，减少腹泻的概率，可以在圈舍配备保温设备，或者增加电热器等设备，还要注意通风管理。此外，做好犊牛圈舍的清洁管理工作，应该定期消毒养殖环境，确保干净卫生。

二、新生犊牛的护理

（一）及时清除口鼻中的黏液

在犊牛出生之后，口腔和鼻腔中可能有黏液，要做好清理工作，否则会造成犊牛呼吸困

难。如果出现呼吸困难症状，应该头向下拍打胸部，直到犊牛吐出黏液。有些犊牛出生之后躯体上也有黏液，正常分娩的母牛会舔舐黏液，或者人工擦拭。及时清除黏液可以保证犊牛顺利呼吸，此外，唾液中的溶菌酶能够预防疫病。

（二）断脐带

新生犊牛在出生之后脐带没有断，要辅助人工剪断。在人工剪断脐带之前要对剪刀彻底消毒，否则会出现交叉感染。需要注意的是，还要使用药物对脐带伤口进行消毒，可以使用碘酊，避免交叉感染的出现。

（三）犊牛的登记

在完成断脐带工作之后，应该为犊牛称重和编号，并且按照牛场的编号规则打耳标登记，以记录犊牛的生长情况。

三、初乳的饲喂

（一）主要作用

初乳中的免疫球蛋白的含量比较高，能够提高犊牛的免疫力和抗病能力。初乳能够为犊牛生长提供所需要的能量，促进犊牛的健康生长。

（二）饲喂初乳

在犊牛出生后要及时地进行初乳喂服，最好在 0.5 h 内喂服，如果出生 1 d 之后还没有喂服初乳，会影响犊牛的抵抗能力，增加感染疾病的风险，甚至造成犊牛的死亡。应该控制好初乳的喂服量，可以按照体重的 1/6 或者 1/8 喂服，每天 3 次即可，保证初乳量的均衡。如果母牛的乳汁不足，可以采取人工喂服的方式，否则会影响犊牛的正常生长。在喂服的过程中，选择固定的时间，要派遣专业的饲养管理人员喂养犊牛，否则会出现应激反应。在完成喂服之后要清理犊牛口腔内的乳汁，并且做好奶瓶和奶桶的清理工作。

（三）及时补饲

随着犊牛体重的增长，加之母牛的乳汁量有限，单纯通过哺乳的方式很难满足犊牛生长所需要的营养需求，应该适当地给犊牛补充饲料，满足生长的需求，通过及时补饲可以完善犊牛的消化系统，促进瘤胃的正常生长发育，保证犊牛的健康生长。通常情况下，犊牛出生之后的7d 可以采取补饲措施，采用人工诱导方式喂食精饲料，随着日龄的增加，可以适当增加精料饲料的喂养量。需要注意的是，可以在精饲料中添加一定量的钙和磷矿物质和维生素，以促进犊牛健康生长。

此外，在犊牛出生后的 14 d，引导犊牛采食优质的嫩草，并且合理地搭配精饲料和粗饲料的比例，有利于犊牛瘤胃功能的发育。

（四）选择适合的断奶时间

应结合犊牛生长的具体情况选择断奶的时间。如果哺乳期过长，虽然能够增加犊牛的体重，但是不利于犊牛消化器官的生长发育，负面影响比较大。通常情况下，控制好断奶的时间。在犊牛 110 日龄左右时可以断奶，否则会增加饲养的成本，也会影响瘤胃功能的发挥。断奶的过程中应该坚持循序渐进的原则，做好断奶前的准备工作。在断奶之前的 2 周可以适当减少哺乳量，并且科学搭配精饲料和粗饲料的饲喂比例。此外，在断奶之前还要适当减少母牛的精饲料喂养量，可以喂食粗饲料和干草。犊牛断奶之后可能出现应激反应，要随时观察犊牛健康状况，包括采食量和精神状态。

四、犊牛的管理技术

（一）环境卫生的管理

要做好犊牛圈舍和运动场的环境卫生管理工作，科学预防疫病。要加强对养殖场的清洁和管理，定期打扫圈舍，保证不留死角，确保养殖场干净卫生。更换养殖垫草，确保干净整洁。加强圈舍的通风工作，避免空气污浊。在夏季要做好防暑降温工作和驱虫工作，温度最好控制在 27℃左右。在冬季要做好保温工作，温度控制在 10℃左右。在饲料和饮水管理方面，加强对饲料的管理，避免发霉变质。避免铁钉等金属物质混合到饲料中。在人工喂乳的过程中，每次喂服之前要彻底清洗工具。

（二）做好消毒管理

定期消毒养殖场，彻底的消毒工作能够杀灭病原菌和寄生虫，在预防疫病方面发挥着重要的作用。为此，结合当地疾病的流行病学的实际情况做好消毒管理工作，加强对圈舍内外的彻底消毒，此外，病死牛和患病牛接触过的地区要彻底消毒。

（三）加强犊牛的运动

为了提高犊牛的抗病能力，要适当增加犊牛的运动量，做好运动管理，促进犊牛健康生长。在犊牛出生的 8d 以后，可以开始短时间的运动，之后逐渐增加运动量。选择天气晴朗时让阳光充分照射犊牛，同时呼吸新鲜的空气。一般情况下，在舍饲饲养模式下，每天的运动时间不能少于 2 h，通过合理调控运动量可以提高犊牛的采食量，增强抵抗力和免疫力。如果是放牧的犊牛，可以适当地控制运动的时间，避免过多消耗犊牛的体能，影响其正常生长发育。如果遇到恶劣天气，减少运动时间。

（四）饮水管理

犊牛可以通过乳汁获得水分，满足正常代谢需求，虽然乳汁中的水分含量较多，但是犊牛每天哺乳量有限，为了满足体内水分的供给，应该让犊牛尽早地饮水，水温控制在 36~37℃，每天饮水两次。

（五）犊牛的去角处理

及时去除犊牛角，能够预防犊牛之间互相伤害，避免犊牛伤害到饲养管理人员。在出生后的 1 周左右，将犊牛角去除，将去角的犊牛隔离喂养，结痂部位可以自行脱落。需要注意的是，在处理好牛角之后，避免犊牛舔舐伤口处。

（六）分栏分群

犊牛出生和生长的过程中要做好分栏饲养工作，避免出现疫病的交叉感染。科学的分栏工作可能刺激犊牛更快采食。为此，要结合月龄、体重的大小适当分群，可以将月龄相近的犊牛分为一群，每群 6~8 头，然后派遣专人饲养管理。

（七）做好防暑和防寒工作

在犊牛出生之后，要做好圈舍的防寒和保暖工作。在冬春寒冷季节，要采取适当的保温措施，保证牛床的干燥和整洁，并且适当通风，选择在中午时段通风。在夏季天气炎热的情况下要做好防暑工作，避免犊牛中暑。

（八）刷拭皮肤

每天刷拭牛皮肤 1~2 次，不用刷拭头部，促进犊牛皮肤的血液循环，能够驱除体外的寄生虫，降低皮肤病的发生概率。

（九）疾病的预防

犊牛的各个组织器官没有发育完善，凭借自身机体的免疫能力低下，很容易受到病原体的入侵，出现各类疾病。为此，要做好该时期的疫病防控工作，减少传染性疾病的发生概率。在犊牛出生之后，要及时喂服初乳，获得母体中的免疫抗体，增强抵抗力；定期消毒和清洗喂奶的器具，禁止喂养发霉变质的饲料，坚持定时和定量的喂养原则。在犊牛哺乳期，可以喂食一定的干草和精饲料，促进瘤胃的发育，提高消化能力，减少腹泻的发生。犊牛在生长的过程中还会患肺炎，不仅会影响生产性能，也会造成犊牛的死亡。为此，应该加强对病原微生物的预防，禁止任何无关的人员进入圈舍，避免病原入侵，做好养殖场的卫生和清洁工作，彻底消毒，降低肺炎的发生概率。犊牛在出生之后如果脐带处理不当会引发脐带炎，要严格做好脐带的消毒工作，避免感染。如果已经患有脐带炎，要及时治疗，彻底根除炎症。发现犊牛患病之后要第一时间隔离，并且尽快诊断疾病的病因，制定详细的治疗方案，以提高治疗效果。

五、肉牛犊牛的早期断奶技术

肉牛犊牛的早期断奶技术在肉牛养殖生产中，是肉牛养殖成功的关键环节之一。

（一）早期断奶的意义和优点

国内外许多试验证明，过多的哺乳量和过长的哺乳期，虽然可使犊牛增重较快，但对犊牛的内脏器官，特别是对消化器官有不利的影响，而且还影响了牛的体形及成年后的生产性能。目前犊牛的早期断奶在肉牛的养殖生产中已被广泛认可。提早断奶就能提早补充犊牛所需营养，使犊牛在哺乳后期能采食较多的植物性饲料。这样不仅能满足犊牛补偿性生长，而且还可促进瘤胃的发育。

早期断奶就是在出生 1~2 个月或更早时间内让犊牛断奶，可以减轻母牛的哺乳负担，有利于提高母牛的繁殖率，同时还可以减少犊牛感染传染病和寄生虫的机会，进而提高存活率。另外，早期断奶缩短了犊牛的哺乳期，节省了劳动力，节约了大量商品乳，降低犊牛的生产成本。犊牛通过早期补饲，可以促进瘤胃等消化器官的发育，增强饲草饲料的摄取和营养物质的吸收，减少消化道疾病的发生，提高培育质量，降低死亡率。

有研究表明，早期断奶的犊牛料肉比比较高，但发现早期断奶也带来一定的负面影响，主要表现在断奶后一段时间犊牛的采食量减少，生长滞后，营养上的应激明显。养殖户应通过了解早期断奶对犊牛的影响以及犊牛断奶前后消化系统的变化，科学地进行实际生产中早期断奶。

（二）哺乳期犊牛的胃肠道消化环境及特点

哺乳期犊牛消化器官的发育水平比较低，对营养物质消化能力较弱，食物在胃肠道中通过的速度较快。新生犊牛的瘤胃功能还未健全，皱胃作为主要的消化器官，营养摄取方式与单胃动物相似，液态食物在吸吮反射作用下，通过食道沟直接进入皱胃。随日龄的增加，胃内完全排空时间逐渐延长，所以每日饲喂量应逐渐增加，饲喂间隔时间逐渐延长。

由于神经系统与各器官的联系还没有建立健全，哺乳期犊牛胃液分泌量不足，胃酸较少，胃肠道的 pH 值较高，影响其中微生物等的生存环境，也影响酶的活性。哺乳期犊牛主要靠乳酸杆菌发酵乳糖所产生的乳酸来维持胃肠道的酸性，分泌的盐酸比较少。断奶后 pH 会突然升高，经过一段时间的过渡后，胃内盐酸分泌量逐渐增加到正常水平。

新生犊牛胃内只有凝乳酶，唾液和胃蛋白酶很少。由于胃酸分泌量比较少，胃蛋白酶原无法被激活，蛋白质消化吸收率极低。此时的肠腺和胰腺发育相对完全，肠淀粉酶、乳糖酶和胰蛋白酶活性较高，食物主要是在小肠里消化吸收的。所以，新生犊牛不能消化植物性营养。待各种消化酶活性随日龄增加而增强后，犊牛才可以采食一些植物性饲料。

哺乳期犊牛胃肠道内存在双歧杆菌、大肠杆菌、乳酸杆菌、酵母菌等固有菌群，正常的微生物菌群对外来细菌具有定植抗力的生物拮抗作用，可以通过维持和调控肠道微生物区系，形成以对抗菌感染及减轻对生长抑制作用的内部屏障，对犊牛生长发育、营养、免疫起重要作用。乳酸杆菌有助于肠道健康，可以增加胃肠道酸度、减少细菌摄入量和维持饲料稳定，以增强乳酸杆菌的生长繁殖能力，强化其主导地位。

（三）断奶前后胃肠道消化环境的变化

研究表明，犊牛在任何日龄断奶都会存在应激反应。应激是指机体对外界或内部的各种非常刺激所产生的非特异性应答反应的总和。犊牛早期断奶时，由于心理、环境及营养应激影响，常表现为食欲差、消化功能紊乱、腹泻、生长迟滞、饲料利用率低等所谓的犊牛早期断奶综合征，其引发因素主要是营养应激。犊牛在断奶时由于应激反应、饲粮改变和大量病原菌的摄入，胃肠道环境发生变化，胃肠道有机酸分泌降低，pH 值上升。大肠杆菌等病原微生物大量繁殖，胃蛋白酶活性下降，导致犊牛腹泻严重甚至生长停滞。这种犊牛断奶期生长抑制和健康受损问题一直困扰着养牛业。断奶使饲料从由乳脂、酪蛋白和乳糖为主，变为以淀粉、植物蛋白和纤维为主，犊牛消化道酶系统和生理环境都无法迅速适应，会严重影响采食量和饲料利用率。同时也会引发消化不良和腹泻，常规断奶后的 1 周左右时间，犊牛采食量极低，体重增加不明显。

1. 胃发育程度的变化

肉牛出生后 1 周时瘤胃、网胃、重瓣胃和皱胃的比例在不断变化，胃肠道组织的生长发育快于其他组织。消化道的迅速生长表明其吸收能力在逐渐增强，在 3 月龄前瘤胃功能尚未发育完善，4 月龄后基本功能齐备。因此，在饲养管理中应该注意要根据瘤胃发育特点加强犊牛阶段的饲养与管理。

2. 胃酸的变化

犊牛断奶后胃内 pH 值升高，1 周左右逐渐回归正常。pH 值升高抑制了乳酸杆菌的增殖，激活了大肠杆菌的增殖，乳酸杆菌数量的减少又引起 pH 值的上升。加之大肠杆菌的增殖会抑制乳酸杆菌，导致胃肠道内乳酸杆菌数量下降，而大肠杆菌数量增加明显。所以，犊牛在断奶后易出现腹泻。腹泻的严重程度与大肠杆菌的增殖程度有关。

因为蛋白消化酶原需在合适的 pH 值中被激活参与消化活动，同时胃内 pH 值对控制进入消化道微生物的繁殖起着不可忽视的作用。

3. 酶活性的变化

犊牛消化酶活性随着日龄的增长而增强，犊牛生长初期的乳糖酶活性很高。之后随日龄增加淀粉酶和麦芽糖酶的活性开始上升。哺乳期肠道中的脂肪酶活性逐周几乎成倍增长。早期断奶时消化酶系统还未健全，同时断奶应激引发的 pH 值的升高会影响各种消化酶的活性，进而影响饲料的消化能力，导致犊牛断奶前期消化不良，生长抑制。

（四）如何完成断奶过渡

1. 早期补饲，促进瘤胃发育

促进瘤胃的早期发育，有利于犊牛消化功能的充分发挥。从生理角度讲，犊牛大约在出生后第 3 周出现反刍，此时补饲草料，就能极大地激发瘤胃早期发育。在断奶前，对犊牛要及早训水训料，逐渐增加精、粗料饲喂量，减少喂乳量。过渡渐增式补饲可减少断奶应激。随着日龄增长，犊牛采食固体食物日益增多。通过与外界环境的接触，瘤胃自然地接受了有利于消化的微生物，从而才能有效地激发瘤胃的活动和促进发育。早期补饲适量的精粗饲料，可促使瘤胃发育。精料比例提高，有助于瘤胃乳头的成长。提高干草比例则有助于提高胃的容积和组织发育，可以使犊牛提前从液体饲料阶段过渡到反刍阶段，利于犊牛的生长，也利于犊牛早期断奶。犊牛对固体饲料采食量的增加可以加快瘤胃的饲料发酵速度、发酵程度以及对挥发性脂肪酸的吸收和代谢。早期补饲的犊牛与只喂全乳或代乳料的犊牛相比，其瘤胃乳头长度适宜且发育良好。但不是精料越多越好。过量精料，会导致瘤胃乳头横切面积增加，导致角质层厚度增加，使瘤胃壁的吸收能力下降，以致瘤胃炎。犊牛断奶应根据当地实际情况和补饲情况而定。一般日采食犊牛料达 1kg 以上。当犊牛有效反刍时，即可断奶。

2. 早期断奶犊牛的营养需要

（1）能量

断奶使饲料和管理条件都发生变化，需要适当提高饲粮中的能量水平，保证犊牛的能量摄入量，可以通过添加脂肪和碳水化合物增加饲粮能量。增加脂肪可以提高犊牛的生长速度，但需要注意脂肪酶活性受到早期断奶影响会出现一段时间下降，降低了对油脂的吸收利用率。所以，在此期间要控制脂肪的添加量，以免产生负面效果。

另外，鉴于犊牛对脂肪的利用能力，早期诊断奶牛应食用短链饱和脂肪酸或长链不饱和脂肪酸，如大豆油、玉米油、牛油，但牛油相对较差。增加碳水化合物也可以提高饲粮能量，如蔗糖、乳糖、葡萄糖，适口性好且利于消化，同时也有利于犊牛的肠道健康。

（2）蛋白质和氨基酸

哺乳期犊牛的蛋白质需要包括生长需要和维持需要。试验证明，降低饲粮蛋白质水平可有效地减少犊牛断奶后腹泻。所以要降低日粮蛋白质含量，提高氨基酸水平。同时代乳料中的能量与蛋白质比率应高于自然的牛奶，只有这样才能有利于蛋白质的吸收。选择蛋白质原料时，需考虑原料的可消化性，氨基酸的平衡、适口性。由于植物蛋白质氨基酸平衡不如奶源蛋白质，另外，犊牛消化系统发育程度还不足以消化这些植物蛋白质，加之植物蛋白质饲料多有抗营养因子，易导致犊牛断奶后严重腹泻。所以，如果代乳料的蛋白质来源是奶或奶制品，那么要求蛋白质含量要在 20% 以上。如果含有植物性的蛋白质来源，就要求蛋白质含量要高于 22%。

（3）添加剂

维生素和矿物质。维生素在代谢过程中起辅酶催化作用。在应激过程中最重要的代谢途径之一是脂解作用，需要一系列辅助因子参与酶反应。这些因子都影响应激，其中最主要的是 VE 与 VC。VC 在体内可增强中性白细胞，有效减缓断奶应激。若 VC 和 VE 补充不及时，造成犊牛免疫力下降，导致犊牛临床上出现腹泻症状。睾酮能有效刺激早期断奶犊牛的生长，并能提高饲料利用率。添加睾酮对脂肪的吸收利用有明显的促进作用。另外，在日粮中添加高锌可以提高采食量和饲料利用率，并能有效地预防腹泻发生。

酸化剂。断奶前，胃内的酸性环境主要靠母乳中乳糖发酵产生乳酸维持。而早期断奶后犊牛消化机能不健全，其胃底腺不发达，缺乏产生足够胃酸的能力。犊牛肠道酸碱度对日粮蛋白质消化十分重要。分泌的胃酸不足会造成胃蛋白酶原的激活受到限制，容易造成小肠内细菌增殖，肠道功能紊乱，腹泻脱水。因而在早期断奶肉犊牛日粮中添加酸化剂是必不可少的。在饮水和饲料中添加 1% 的柠檬酸可降低胃内的 pH 值，可以激活消化酶，有利于乳酸杆菌的繁殖，提高消化能力，从而改善犊牛的增重速度和饲料利用率。

酶制剂和益生素。犊牛消化系统发育的不全，以及应激原因决定了消化酶的分泌不能适应犊牛早期断奶的需要。因此，有必要添加外源性酶来协助消化，提高饲料消化率，减少消化不良的发生。益生素可在肠道内繁殖成优质菌群，抑制病原菌及有害微生物的生长繁殖，形成肠道内良性微生态环境。

3. 对于断奶腹泻的预防

在肉牛生产过程中，断奶犊牛腹泻的问题相当普遍。据调查，断奶犊牛腹泻率在 20%~30%，该病造成的死亡率达 10%~20%。即使病愈，其生长发育也会受到严重影响，推迟出栏时间，给养殖户带来巨大的经济损失。

引起犊牛腹泻的原因非常复杂，除致病性大肠杆菌引起的腹泻外，犊牛早期断奶后即切断

了从母体获得被动免疫的来源，但由于主动免疫系统功能还未完全有效地建立起来，3 周龄以后，犊牛获得的被动免疫处于最低水平，到 4~5 周龄时自身免疫系统才开始发挥作用。所以，早期断奶造成犊牛抵抗力下降，消化机能不健全。

肉牛乳与断奶日粮养分上的差异，可能是造成犊牛断奶后腹泻的主要原因之一。当犊牛接触到从未接触过的植物蛋白时，就会发生肠道免疫反应，以消除抗原的危害。但是，当犊牛长期接触这些日粮中的抗原，日粮的抗原物质达到一定量后，犊牛就会产生免疫耐受力，从此对这种抗原不再发生反应。在犊牛没有适应日粮中的抗原或者肠道未产生免疫耐力之前，这种日粮仍会引起犊牛腹泻。所以，在断奶前进行过渡渐增式补饲对减少断奶应激是非常必要的，可使其消化系统适应非乳饲料，不发生免疫反应，减轻断奶后腹泻。另外，犊牛断奶后，腹泻的发生率随着肉牛日粮中蛋白质含量的提高而增高，所以，降低蛋白质水平，也可减轻肠道的免疫反应和腹泻程度。

第二节　育成牛的饲养管理与初次配种

一、育成牛的饲养管理

犊牛满 6 月龄至第一次配种前的母牛，或公牛作为种公牛以前，统称为育成牛。一般分为两个阶段，第一阶段 6—12 月龄，第二阶段 13—18 月龄。育成牛的生长速度最快，并且代谢也是最旺盛的。育成期饲养的主要目的是通过合理的饲养使其按时达到理想的体形体重标准和性成熟，按时配种受胎。育成牛的饲养管理的好坏直接影响母牛繁殖和未来的生产。所以如何做好育成牛的饲养管理，是养殖场户养好牛的关键。

（一）育成牛的生长发育特点

分两个阶段：

1. 第一阶段为断奶至 12 月龄

这阶段体躯向高、长急速生长，性器官和第二性征发育很快，7—8 月龄以骨发育为中心，内脏发育也很快，消化器官处于强烈的生长发育阶段，前胃已相当发育。

2. 第二阶段为 12—18 月龄

这阶段体长增加幅度逐渐减小，消化器官扩大，消化能力增强，脂肪沉积开始增加。

（二）育成牛的饲养

1. 第一阶段（7—12 月龄）

此阶段为母牛性成熟期。体躯高度和长度急剧增长，同时前胃已相当发育，因此要充分饲养，既要有足够的营养物质，也要喂饲料，以获得较高的增重。即每天给干草 5~6kg，适量青贮和多汁饲料，精饲料 2~3kg，精料比例占饲料干物质量的 30%~40%，骨贝粉和食盐各 25g。同时，要控制日增重，日增重不能超过 0.9kg，发育正常时 12 月龄体重可达 280~300kg。

2. 第二阶段（12—18 月龄）

此阶段牛的第二性征开始出现，生殖器官进一步发育，消化器官扩大，消化能力增强。为了进一步促进其消化器官的生长，要喂给足量的青粗料（其比例约占日粮总量的 75%），少量补给精饲料，就可满足能量和蛋白质的需要。即每天喂给 8~9kg 干草，15kg 青贮草，再补 1~2kg 精料，骨贝粉和食盐各 25g。

3. 第三阶段（18—24 月龄）

此阶段母牛已达到配种受胎要求，生长逐渐减缓，体躯向宽、长方向发展。若营养过剩，导致牛体过肥，造成不孕；若营养缺乏，又导致牛体生长发育受阻，母牛产奶量不高。怀孕 4~5 月龄的母牛，营养需要明显增加，应按奶牛饲养标准进行饲养。但饲料喂量不可过量，防止过肥导致难产或其他疾病。怀孕 5 个月后日补精料 2~3kg、青贮饲料 15~20kg、干草 2~3kg、干物质 7~9kg、钙 45~47g、磷 32~34g。分娩前一个月，可在饲养标准的基础上适当增加精料，但饲喂量不能超过怀孕母牛体重的 1%；日粮中应增加维生素、钙、磷等矿物质含量。

（三）育成牛的管理

1. 生长发育记录

通过生长发育记录可以全面了解牛的生长情况，并根据发育情况进一步了解营养水平是否合适，便于调整日粮。从出生开始，测定体高、体斜长、胸围和体重，一月测定一次。

2. 分群

断奶、性成熟前应将公牛、母牛分群，以防早配，影响生长发育，影响未去势公牛的育肥效果。同时，还应根据年龄和体格大小将牛分群饲养。

3. 发情记录

后备母牛一般 12 月龄左右开始发情，在此阶段要做好发情记录，主要记录发情日期，观察发情是否正常。特别是在配种前 1~2 个月做好记录，以便在以后的 1~2 个发情期内进行配种。生长发育良好的母牛，14~16 月龄即可配种。

4. 加强运动

适当运动可增加血液循环，使牛的新陈代谢增强，提高食欲。此外运动有利于肢体坚实，骨、肌、肉、内脏器官发育良好，对疾病的抵抗力增强，同时，运动也可使生殖器官发育良好。

5. 保持光照充足

适量的光照牛的生长也是非常重要和必不可少的。太阳光中的紫外线不仅能合成牛体内的维生素 D，而且可刺激神经系统，促进性激素分泌，保证将来的繁殖。

6. 擦拭

在饲养育肥牛的时候，我们还要经常擦拭牛体，保证育肥牛有一个干净的牛体。因为在饲养时，牛体是容易被排泄物污染的，再加上尘土极易在皮肤上形成一层皮垢，对牛体的血液循环是非常不利的，而且容易产生皮肤病与寄生虫。因此要注意经常擦拭牛体，保证育成牛正常生长。每日擦拭 1~2 次，每次 5~6min。

7. 饮水

每天饮水 2~3 次（夏天 3~4 次），每天保持清洁饮水，保证水量充足，清洁卫生，冬季可以对水加温，保证牛能喝上温水。

8. 防寒保暖

北方冬季温度低会消耗育成牛很多营养物质来产热以维持体温。冷水会降低瘤胃温度。低温还会造成饲料利用率下降，甚至造成冻伤，因此必须做好冬季牛舍的保温工作。

9. 防暑降温

炎热天气影响牛的采食量，并且散发热量消耗营养物质，降低抵抗力，饲料利用率降低。一般采取遮阳、喷水、饮水、改变饲喂方式等降温措施。

10. 保持圈用具及舍内清洁卫生

每天清理棚圈内外粪便，做好定期消毒。圈内外用具每天用 3% 来苏尔消毒，饲槽喂前彻底清扫干净，每周用 10% 的烧碱水消毒一次，水槽要及时清洗。

二、育成牛的配种管理

随着近年来犊牛价格不断地攀升，单纯靠养殖肉牛的利润越来越低，甚至会出现“牛慌”的现象，想要买到好品种、好质量的牛犊越来越难、越来越贵。当下解决这种难题的唯一办法就是坚持自繁自育，只有这样才能保证自己优质的牛源。

（一）牛配种要多久

母牛适宜输精时间在发情开始后 9~24 小时，2 次输精间隔 8~12 小时。因为通常母牛发情持续期 18 小时，母牛在发情结束后 10~15 小时排卵，卵子存活时间 6~12 小时，卵子到受精部位需 6 小时，精子进入受精部位 0.25~4 小时，精子在生殖道内保持受精能力 24~50 小时，精子获能时间需 20 小时。

母牛多在夜间排卵，生产中应夜间输精或清晨输精，避免气温高时输精，尤其在夏季，以提高受胎率。对老、弱母牛，发情持续期短，配种时间应适当提前。母牛产后第一次发情一般在牛仔 40 天左右，这与营养状况有很大关系。一般产后第 2~4 个发情期配种，易受胎，应抓紧时机及时配种。

（二）牛配种方法

牛的配种方法通常有三种：自然交配，人工辅助交配，人工授精。

1. 自然交配

这是比较容易做的，相对而言，受精率比较高，通常不需要做母牛的发情鉴定，但不利于防止生殖道疾病的传播。

2. 人工辅助交配

方法同自然交配，只是在公、母牛的个体相差较大，配种时有困难时，人工才加以帮助。

3. 人工授精

人工授精是将人工采集的公牛精液经检查、冷冻、解冻后输入发情母牛生殖道的过程。冷冻精液由专门的厂家销售。检查、冻精取放时动作要迅速，每次控制在5~10秒，应及时盖好容器塞，以防液氮蒸发或异物进入。冷冻精液的运输应由专人负责，用充满液氮的容器来运输，其容器外围应包上保护外套，装卸时要小心、轻拿轻放，装在车上要安放平稳并拴牢。运输过程中不要强烈震动，防止暴晒，长途运输中要及时补充液氮，以免损坏容器和影响精液质量。

（三）母牛犊几月龄可以配种

一般肉牛10~12个月龄，杂交肉牛12~15个月龄，公牛可以具有受精能力，母牛可以排出成熟的卵子，这时叫成熟。成熟绝不意味着就可以用来繁殖，因为这时肉牛体尚未充分发育成熟，若进行繁殖不但对肉牛本身的生长发育有影响，所生的后代品质也是低劣的。

肉牛机体具备成年肉牛固有的外形，叫体成熟。体成熟就可以参加配种繁殖，一般肉牛体成熟是1.5~2岁，杂交肉牛为2.5岁，乳牛在15~22个月龄。但由于肉牛品种、饲养管理、气候条件等不同，促进和延迟体成熟的可能性很高。

（四）肉牛人工配种技术

1. 冻精保存

精液是人工授精技术的核心和基础，冻精的保存对于精液的品质影响极大。以液氮法保存为例，当液氮损耗低于50%时就应及时补充液氮。输精人员应全面掌握市场情况，了解辖区内养殖户对肉牛品种的需求，有针对性地购买冻精，尽可能在短时间内更新冻精，缩短每支冻精的保存时间。因为虽然液氮低温保存下精子可以长时间保持活力，但工作中反复提取精筒，操作不当将影响精液品质。

冻精保存应重视以下几个要点：

液氮罐使用前要对液氮罐进行保温检查。液氮罐保温检测方法是注入液氮后的2~3h，观察容器外表面是否出现冷凝水或有结霜现象。如出现这两种情况，表明液氮罐的真空度已恶化，容器内的液氮将在很短的时间内挥发完，冻精无法保存，要及时更换液氮罐，避免损失。

空液氮罐使用前需要预冷，预冷后再注满液氮，延长保存时间，各县区基本半月充氮一次，储备液氮有限，防止液氮无法及时填充导致冻精品质受损，注意预冷时注入少量液氮即可。

液氮罐在运输时要固定，保持始终直立，防止倾倒、碰撞。

液氮罐使用若混有杂菌和水会对精液品质有影响。建议每年液氮罐应清洗并干燥1~2次。方法是液氮罐清空后，室温静置2d，再用40~50℃的温水清洗，可用中性去垢剂，清洗后倒置干燥。基层输精人员使用的是运输型液氮罐。

2. 冻精解冻

冻精的解冻工作对精液品质影响较大。解冻精液要快速渡过-15~-25℃危险温区，并在融化后0.5h内使用，保证精子活力。显微镜观察，解冻后精子活力应大于35%。冻精分精粒和精管两种。目前精细管较为普遍。冻精解冻常用方法有温水解冻法、解冻杯解冻法和手搓法解冻。输精人员常用手搓法解冻，搓到精管中精液透明无冰晶，基本满足工作需要。

注意事项：

取精要快，提筒精袋不要离开液氮，一般 3~5s 需将提筒精袋送回液氮，避免精管爆裂损伤精子，超过 10s 仍未能取出，提筒精袋必须送回液氮，20~30s 后重新操作。

温水解冻，水温切记不能太低或太高，35~40℃为宜，最好用温度计测温，温水中宜顺时针摇晃，45s 后即可使用。

夹冻精用的镊子需要预冷，防止精细管黏附镊子，温差对精子也有影响。

多支冻精细管同时解冻，不要相互碰撞。

3. 受精操作

将细管冻精解冻后，用毛巾拭干水渍，装备输精枪。输精枪要尽量保持无菌，要预热到和体温一致。将细管白色棉塞端插入输精推杆，用锋利剪刀剪掉封口部，精细管剪口要平整，避免漏精，套上外套管。一般情况，左手摸肛门，五指并拢成锥形缓慢扭转伸入直肠，排出积粪后（也可沿直肠下壁端，不掏积粪），找到子宫颈，然后握住子宫颈后端（子宫颈类似鸡的脖子，柔软且有硬度），左手肘臂向下压，压开阴裂，右手持输精枪，向阴门插入。输精枪先向上前方约 30° 角插入一段距离，约 10cm，以避开尿道口，然后再向前方插入至子宫颈口，左右手配合绕过子宫颈 3~4 穹窿（注意：输精枪送到子宫颈口后，左右手配合，将子宫颈套在输精枪上，而不是右手用力将输精枪扎入子宫颈，造成子宫颈损伤），通过子宫颈内口到达子宫体底部，再将输精枪向后稍微后撤一点（后撤的目的是避免精液散布不均，只流到一侧子宫体内，如果是另一侧排卵就会影响受胎率），推动输精枪直杆，将精液注入子宫内，稍做停留，避免精液倒流，最后缓慢抽出输精枪，整个输精完毕。

严禁用未消毒的输精管连续给几只牛受精，输精完毕，用残余精液检查活力，活力不足，补配一次。

4. 适时配种

适时配种是肉牛人工授精工作的关键。及时准确进行早期妊娠诊断，掌握母牛发情规律，确定最佳输精时间，争取复配机会，提高受胎率。发情鉴定分外观鉴定法和直肠触摸鉴定法，确定配种时机。一般情况下母牛产后 60d 左右发情，发情周期 18~24d，发情持续 24~72h。发情期表现如下：初情时母牛鸣叫，躁动不安，少食或不食，外阴肿胀，黏膜呈深红色，有爬跨欲望。直检，卵巢发育，表面有突出点，质硬无弹性；旺盛期，母牛鸣叫，躁动，更加不安，外阴分泌物增多，有筷子粗，透明不易拉断，外阴肿胀没有皱褶，黏膜充血更重，呈紫红色，直检，卵泡突出，卵巢表面明显，弹性增强，表面圆滑，无波动感；成熟期即配种期。此时母牛趋于安静，有人接近或按其腰臀，有翘尾翘臀表现，接收爬跨，外阴分泌物减少，变细易拉断，外阴呈现皱褶，黏膜变浅红色，直检，卵泡弹性减弱，皮薄有波动感。一般接受爬跨后 6~10h 为适宜输精时间，青年母牛适宜输精时间适当提前。接收爬跨后 12~20h，卵泡未破裂可第二次输精。

母牛排斥或阴道流血则取消二次输精；排卵期母牛外观精神安静，正常吃草料，其他症状消失，阴道黏膜苍白，直检，卵泡塌陷，卵泡液流尽，有的已充血形成黄体。在实际生产中，一般上午发情的母牛在当天晚上进行第一次输精，第二天早晨进行第二次输精；下午发情时第二天早晨进行第一次输精，到晚上进行第二次输精。

5. 消毒工作

消毒是人工授精配种工作中的重要环节。配种前要进行全面消毒。输精人员的双手及输精枪、毛巾等用具均需消毒。母牛后躯一般清水清洗，再用毛巾擦净。外阴部排出积粪后可用清水清洗擦干，也可用 2% 来苏尔或 0.1% 高锰酸钾消毒。器具一般用 2%~3% 的温碱水消毒。毛巾等可事先蒸汽消毒。人工授精所有器材，在使用前后必须彻底清刷干净，再用清水清洗干净备用。

6. 饲养管理

饲养管理是肉牛人工授精技术的一部分，加强母牛饲养管理，有助于提高受胎率，减少死胎率，提高人工授精成功率。饲料中的能量、蛋白质、维生素、矿物质等会直接对母牛生殖机能产生影响。母牛在适龄配种期到来前应使其达到中等膘情。冬季日照短，维生素过低，母牛受胎率低，夏季高温，发情持续期短，容易漏配、迟配。因此，保持气候凉爽，日照时间足够长和丰富的营养是提高母牛受胎率的环境条件。输精后第二个发情期末发情可直检，确定母牛怀孕。母牛妊娠初期不必加强营养，应以粗饲料为主，辅以精料，过量精料饲喂，反而造成死胎。并适当放牧，增强母牛体质。拴养母牛体质差、易过肥，适量运动十分必要。此外，多晒太阳有助于血液循环和促进钙的吸收，降低寄生虫发病。母牛妊娠 5 个月后，逐渐增加营养，保证胎儿正常发育。妊娠期母牛不得和公牛混合放牧，运动役使不要追赶、鞭打和惊吓母牛，避免母牛受惊流产。

（五）肉牛发情鉴定

母牛的发情期较短，外部表现发情特征较明显。因此，在生产中对母牛的发情鉴定，主要采用外部观察法，结合试情和阴道检查法。目前，也有人提倡操作熟练的技术人员利用直肠检查法，触摸卵巢变化及卵泡发育程度来确定配种时机。

1. 外部观察法

主要对母牛爬跨或接受爬跨的状况，并结合阴道和外阴部的肿胀程度及其黏液的状况等进行详细观察去寻找发情牛。

（1）发情初期

母牛开始出现发情表现，食欲减退，兴奋不安，四处张望、走动，时常发出叫声。当有试情公牛在场时，发情母牛往往被追随或爬跨，而不愿接受爬跨，逃避但又不远离。在畜舍内多为站立不卧，主动接近人。外阴部稍肿胀，阴道黏膜潮红、肿胀，子宫颈口微开，有大量透明黏液排出。

（2）发情盛期

食欲明显减退甚至拒食，更为兴奋不安，常常大声哞叫、四处走动。经常爬跨其他母牛，并同时也愿意接受试情公牛或其他母牛的爬跨而稳立不动。外阴部肿胀明显，阴道潮红肿胀，子宫颈潮红肿胀明亮、开口较大。由阴道流出透明黏液，以手拍压牛背十字部，表现凹腰和高

举尾根。若手握牛尾上端，向上抬举不觉费力。

（3）发情末期

母牛兴奋性减弱，哞叫声减少。虽仍有公牛跟逐，已较不愿接受爬跨并表示躲避又不远离。外阴部、阴道及子宫颈的肿胀稍减退，排出的黏液由透明变为稍有乳白的混浊，黏性减退牵拉如丝状。发情末期过后转入发情后期，此时母牛兴奋性明显减弱，稍有食欲。试情公牛基本不再尾随和爬跨母牛，母牛也避而远之。外阴部和阴道肿胀消退明显，其黏液量少而黏稠，由乳白色渐变为浅黄红色，有的个别混有血液。此后逐渐正常，进入休情期。母牛的发情表现虽有一定的规律性，但因内外因素的影响，有时表现不太明显或欠规律性。

总之，对发情母牛应综合判断，具体分析之后确定输精时机。

2. 直肠检查法

母牛的发情期短，卵泡发育成熟快，为此一般生产中在发情期配种两次即可。然而采用直肠检查法可具体判明卵泡发育程度及排卵时间，掌握好的一次输精配种即可。这样，有利防止漏配或误配减少输精次数，提高受胎率。对于那些表现发情异常的母牛，通过直肠检查法来判断其排卵时间是极为必要的。

（1）母牛直肠检查的操作方法

先将被检母牛保定。操作者手指甲剪短磨光，戴上长臂型塑料手套或乳胶薄手套，手套外表蘸取少量水以利润滑。手指并拢呈锥状伸入肛门内直肠，排出宿便，手伸入骨盆腔内展平手掌，掌心向下，手指轻轻左右抚摸，可摸到坚硬的子宫颈。再沿宫颈向前移动，便可摸到较软的子宫体、子宫角及角间沟，再向前伸到角间沟分叉处，手移至一侧子宫角，沿子宫角大弯至子宫角尖端外侧，即可触摸到卵巢。此时以手指肚轻稳细致地触摸卵巢的大小、形状、质地及卵泡的大小、形状、弹性和泡壁薄厚等发育状况。这一次卵巢摸毕后，将手以同样手法移至另一侧卵巢上，触摸其各种形状。

（2）母牛卵泡发育的各阶段

母牛在休情期多数是卵巢大些，卵巢存有较硬的或大或小黄体。而在发情期，卵巢上只有发育的卵泡，其卵泡发育由小到大、由硬变软、由无弹性到有弹性，逐渐呈半球状突出卵巢表面。按卵泡发育的大小和形状，可划分为如下几期：

第 1 期：卵泡出现期。卵巢稍增大，卵泡直径为 0.5~0.75cm，触诊时为软化点，波动不明显。此期母牛一般均已开始发情，卵泡出现期约为 10h。

第 2 期：卵泡发育期。卵巢明显增大，卵泡增大为 1~1.5cm，呈小球形突出卵巢表面，波动明显。此期为 10~12h。此期的后半期，母牛的发情表现已经减弱，甚至消失。

第 3 期：卵泡成熟期。卵泡不再增大，其泡壁变薄，触摸时有一触即破之感。此期为 6~8h。

第 4 期：卵泡排卵期。卵泡破裂排卵，卵泡液流失，卵泡壁变松软，成为一个小凹陷。排卵多发生在性欲消失之后的 10~15h。据检测排卵多发生在夜间。黄体形成期，一般排卵后 6~8h，开始形成黄体，原来卵泡破裂出现的小凹陷已摸不到，由新形成的柔软黄体所充实，其大小为 0.7~0.8cm。待黄体完全发育成熟时能达到 2~2.5cm。此时已进入休情期。输精员只有更好地掌握母牛的发情鉴定，才能在最佳时期给母牛输精以达到最佳受胎效果。

（六）肉牛配种注意事项

1. 初配年龄

大型肉牛品种如西门塔尔牛、夏洛莱牛等必须达 1.5 岁龄以上，骨架、体重达到成年牛 70% 以上，小型肉牛品种或土种牛必须达 1 岁龄以上，骨架、体重达到成年牛的 60% 以上。

2. 冻精选择

体形较小的母牛或初配母牛不宜选择超过其体形、体重 2 倍的公牛，体形较大的母牛或已经生产可采用体形较大的纯种公牛或冻精进行配种，但公牛体形、体重仍不超过母牛 3 倍。

3. 配种时间

现实配种过程中排卵时间并不容易掌握，一般根据发情时间进行配种，早晨发情（接受爬跨）下午进行配种，下午发情第二天早晨进行配种。为提高配种率，可采用复配。

4. 配前检查

无论公牛还是母牛在配种前都必须进行健康检查，防止交叉感染疾病。检查出布病的情况下，不宜进行配种，应直接淘汰。

5. 设备消毒

采用人工授精配种的情况下，输精前一定要对输精设备进行检查，看是否能够正常使用。同时还应进行严格消毒，防止交叉感染疾病。

第三节　怀孕母牛的饲养管理

母牛是肉牛养殖场发展的基础，加强母牛的饲养管理可为养殖场提供优质的犊牛，从而促进肉牛养殖场的发展，给其带来良好的经济效益。母牛的饲养管理还要分阶段进行，可根据母牛不同的生理阶段将母牛分为空怀期母牛、妊娠期母牛和哺乳期母牛，其中母牛的妊娠期可长达 10 个月，母牛在妊娠期饲养管理的好坏关系到胎儿的生长发育、母牛产后泌乳性能的发挥，以及母牛的生产性能。因此，要加强妊娠期母牛的饲养管理工作。

母牛在配种后，如果不能准确地判断其是否配种成功则易造成重复配种而引起母牛流产，还易错过母牛的最佳配种时间导致母牛的利用率降低，因此，要掌握妊娠母牛的鉴别方法，并加强妊娠母牛的饲养管理，以确保母牛摄入充足的营养物质，供胎儿的生长发育以及母牛的产后泌乳。

一、妊娠母牛的鉴别方法

（一）看牛眼识别

母牛在配种后如果成功妊娠，眼睛会发生明显的变化。妊娠母牛瞳孔正上方的虹膜上会出现特别明显的 3 条竖立血管，颜色呈紫红色，状态为充盈突起于虹膜表面，即常说的妊娠血

管，而没有妊娠的母牛则不出现这种血管，虹膜上的血管呈细小不暴露的状态。

（二）看乳房识别

成功妊娠的母牛乳房开始膨胀，乳头变得硬直，并且用手挤乳房，可以挤出蜜糖色、黏稠，有的甚至是不具流动性的、呈糊状的牛奶。而没有妊娠母牛的乳房则松软、不膨胀，乳头也不硬直，挤奶时挤出的牛奶为白色可流动的状态，则为空怀母牛。

（三）看口腔识别

妊娠母牛的口腔也会发生变化。打开母牛的口腔，如果看到母牛嘴两边的舌下肉阜为鲜红色，则可判定其为妊娠母牛，如果颜色为粉红色或者是淡红色则视为未成功受孕。

（四）看尾巴识别

一般母牛在妊娠后，当尾巴下垂不甩动时，尾巴不遮盖阴户，而是向左或者是向右斜入，通常这种情况说明母牛已妊娠，而如果母牛的尾巴在下垂时正好将阴户遮住，则说明母牛没有成功妊娠。

二、影响母牛怀孕的主要因素

母牛繁殖力的高低直接影响养牛的经济效益，保持良好的繁殖管理对提升母牛繁育场的经济效益非常重要。要实现规模化饲养母牛效益最大化，提高母牛受胎率是关键。

（一）影响母牛怀孕的因素

1. 营养因素

营养对母牛的发情、配种、受胎以及犊牛成活起决定性的作用，其中以能量和蛋白质对繁殖影响最大，矿物质和维生素也对繁殖起重要作用。能量水平不足对母牛繁殖力的影响明显，幼龄母牛能量水平不足，不但影响正常生长发育，而且推迟性成熟和初配年龄，这样就缩短了一生的有效繁殖时间；成年母牛长期能量过低，会导致发情症状不明显或只排卵不发情。日粮蛋白质水平对奶牛的繁殖也具有重要作用，蛋白质缺乏，不但影响牛的发情、受胎、妊娠，也会使牛体重下降、食欲减退，以致食入能量不足，同时还会使粗纤维的消化率下降，直接或间接影响牛的健康与繁殖。

此外，矿物质和维生素对母牛繁殖力也有重要影响。矿物质中，磷对母牛的繁殖力影响最大。缺磷会推迟性成熟，严重时，性周期停止。磷的食入量不足，又会使受胎率降低。日粮中缺磷是母畜不孕或流产的原因之一。据报道，奶牛缺磷常导致卵巢萎缩，屡配不孕，易发生流产或产弱犊。钙缺乏，或钙、磷比例失调时，都会直接或间接影响繁殖。此外，一些微量元素，如锌、硒、锰、铜、碘、钴等对牛的繁殖和健康都起作用，不可缺少。维生素 A 与母牛的繁殖力和胎儿的生长发育密切相关，若日粮中缺乏维生素 A，会导致母牛发生生殖器官炎症，隐性发情，发情期延长，延迟排卵或不排卵，黄体和卵泡囊肿，使受胎率降低，胎盘形成受阻，胚胎死亡、流产，胎衣不下和子宫内膜炎等。

2. 管理因素

管理好牛群，尤其是抓好基础母牛群，是提高繁殖力的重要因素。合理的牛群结构是获得良好繁殖力的基础之一，基础母牛群占牛群的比例，乳用牛为50%~70%，肉牛、役牛和乳肉兼用牛为40%~60%比较合适。

牛舍的舒适度也很重要，有条件的尽量安装卧床、牛体刷和电加热饮水槽，让母牛群有一个良好的休息环境，定期更换垫料，牛舍夏天保持通风，冬季注意保暖，每天要将牛舍内的粪便清理出牛舍，定期清洗饮水槽，让牛群有一个舒适的场所，这样，发情机率会大大提高。如果圈舍阴暗潮湿，通风不好，没有卧床，母牛群不仅发情机会减少，而且感染产科疾病的机率也会大大提高。在母牛的使用上，若母牛使用不当，会降低繁殖力。如不正确的挤奶方式，或役牛长期的使役过度，均会造成牛体过分消耗，体质下降，使性机能紊乱或受到抑制，导致发情不正常或受胎着床困难，降低受胎率。

此外，管理人员如果不了解母牛的繁殖情况和发情特点，就会失去配种时机，容易造成母牛的漏配和错配，延缓产犊间隔，降低母牛的繁殖力。再者，母牛配种后可能会出现空怀、流产的现象，对于配种后的母牛，还应检查受胎情况，以便及时补配和做好保胎等工作。

3. 牛群的健康状况

良好的健康状况是母牛群发情的基础，膘情特差和特好都不利于母牛的发情怀孕，要保持一个中等膘情，在饲养过程中，饲料要合理搭配，不要像饲养育肥牛那样，光注重营养。精饲料在保证蛋白质和能量合理的情况下，微量元素也要多样化，特别是硒元素和维生素A、D等，要特别注重；粗饲料除了饲喂青贮外，要合理添加麦草，有条件的可以添加苜蓿草粉等，这对促进母牛发情很有必要。除上述因素外，患有疾病、先天性和生理性不孕以及受孕时间、精液质量和体位等原因也在很大程度上影响母牛的受胎率。

（二）提高受胎率的措施

1. 加强营养

为了提高母牛的发情、配种及受胎率，应摄入充足的能量和蛋白质。同时，应加强矿物质和维生素的摄入，以免因缺乏矿物质和维生素而不发情或降低受胎率，在矿物质中，尤其应注意对磷的补充。同时，还应适当补充钙，并保持或钙、磷比例平衡。此外，还应补充微量元素，如锌、硒、锰、铜、碘、钴等。在维生素中，由于维生素A主要影响母牛的繁殖力和胎儿的生长发育，因此，在日粮中应多补充维生素A。

2. 科学管理

在牛群的管理上，应调整好牛群的结构，使基础母牛群在牛群中的比例适中，即乳用牛为50%~70%，肉牛、役牛和乳肉兼用牛为40%~60%。在建牛舍时，应科学合理，以给母牛群提供一个良好的休息环境。夏天时，牛舍需保持通风，冬季需保暖。每天清理牛舍粪便，定期清洗饮水槽。此外，牛群还需合理的运动。一头母牛至少需要15m^{2}的运动场，运动场尽量要保持干燥，不能有积水。有条件的，可以将运动场做成小山丘样，中间高四周底，不积水。每天饲喂完牛群后让其运动，能尽快促使母牛发情，如果牛舍小而养殖密度大，拴系饲养，或者没有运动场，母牛的发情机会大大减少，从而影响母牛的怀孕受胎。另一方面，怀孕母牛运动有助于促进胎儿的正常发育，减少难产。

3. 处理冻精和输配要卫生

配种员在检查母牛和处理分泌物时，一定要按照规范操作，保持良好的卫生习惯，注意对检查设备、输精枪和手臂等的清洗和消毒，以免牛只受胎后，在执行助产或者怀孕检查时由于没有良好的卫生习惯，将细菌不自觉地带入产道，引起母牛的产科疾病，从而影响或推迟了母牛的第二次发情，从而影响整体繁育场的效益。

4. 药物处理

对于因某些原因而不怀孕的母牛，应对产道、子宫颈、子宫、卵巢做检查判断，对于卵巢存在黄体和黄体囊肿的牛只进行肌注律胎素 $F_{2\alpha}$ 处理，3~5d 后会有部分牛只发情，还有卵巢检查有卵泡的，可结合黏液等判断是否进行配种，最后对所有不发情的母牛，应用“喜得孕”处理，输配完后经 180d 左右经直肠怀孕检查，如果检查确实不能怀孕的，进行淘汰处理。在配种工作结束后，技术人员应继续进行泌乳牛和育成牛发情跟踪观察，从而有效提高发情的检出率。

三、妊娠母牛的饲养方法

母牛在配种后经鉴定成功受孕即进入妊娠期，母牛的妊娠期还可分为三个阶段，每一阶段对营养物质的需要不同，因此要根据母牛不同阶段的营养需求科学合理提供日粮，并合理地饲喂。

（一）妊娠初期的饲养

母牛的妊娠初期一般指母牛妊娠的前 5 个月。这段时间母牛刚刚受孕，是胎儿由受精卵发育成胚胎的阶段，这一阶段胚胎的生长发育速度较慢，对营养物质的需要量也较少。而此阶段母牛的身体易发胖，母牛营养的摄入主要是为了维持自身的需要，因此不需要提供过多的营养物质，否则会引起母牛过肥，反而对胎儿的发育不利。一般情况下，此时应以优质的粗饲料为主，可适量地喂一些精料，为了保证摄入的营养物质均衡要尽可能地保持饲料的多样化，避免饲料单一。如果是放牧饲养，则要注意适当放牧，以免母牛发生意外而引发流产。

（二）妊娠中期的饲养

母牛的妊娠中期一般指妊娠 5 个月后到分娩前 3 个月的这段时间。此时胎儿的发育速度开始变快，并且母牛的胸围开始增加，如果此时营养的供应不足会造成胎儿生长发育受阻，母牛的体质下降，易导致母牛发生流产。所以此时给母牛提供营养，除了要维持自身的营养需要外，还要注意给胎儿提供充足的营养物质。

在妊娠中期一般要求母牛体重增加 40~70kg，这样才能保证母牛产后正常泌乳，并保持良好的繁殖性能。因此阶段要增加日粮的营养，以促进胎儿的健康生长发育，培育出优质的犊牛。定期提供日粮，在保持日常的饲料供给的基础上，还需要适当地增加精饲料的饲喂量，但是要注意粗精搭配合理，否则会引起母牛瘤胃异常发酵，引起消化系统疾病。

（三）妊娠后期的饲养

母牛的妊娠后期是指产后 3 个月，这一时期是胎儿生长发育的关键时期，也是胎儿生长发育最迅速的时间，胎儿的大部分体重都是在这一部分增长的。胎儿所需要的营养物质开始大量增加，一般占每日营养量的70%~80%，并且这一阶段母牛的胸围开始增加，乳腺开始活动，所以此阶段营养物质供应一方面为了维持自身的营养需要，另一方面则是为了保证胎儿的快速增长，还有一方面则是为母牛产后泌乳做能量的贮备，所以需要增加饲料的供应量，或者提高日粮的营养浓度。所提供的营养物质要求均衡，维生素、矿物质、微量元素等营养物质也不可缺乏，要配比合理。另外，值得注意的是当妊娠母牛进入分娩前1周时则需要适当地减少饲喂量，否则会影响到母牛正常分娩。

四、妊娠母牛的管理方法

（一）提供适宜的环境

母牛在妊娠期体质较差，极易受到不良环境的影响而患病，因此要加强环境的管理工作，预防疾病的发生，从而确保胎儿和母牛的健康。每天都要做到对牛舍进行打扫，并定期地进行消毒，牛体也要每天刷拭1~2次，要勤换垫料。加强通风换气，避免牛舍空气质量下降，保持牛舍空气新鲜。做好母牛舍温度的控制工作，做好夏季防暑降温和冬季的防寒保暖工作，给肉牛提供一个舒适、安静、清洁、干燥的养殖环境。

（二）加强日常管理

为了增强母牛的体质，促进胎儿的生长发育，加快饲料的消化吸收，避免难产，要保证母牛每天都有适量的运动。可以选择在天气明朗时对母牛进行放牧，如果是舍饲，则需要将母牛赶到运动场运动。对待妊娠母牛要温和，不可过度劳役，避免出现追赶、鞭打等会惊吓母牛的现象，以免母牛受到惊吓而发生流产。

（三）饲喂管理

母牛妊娠期是指从怀孕到产犊的时期，一般分为三个阶段，即妊娠前期、妊娠中期、妊娠后期。根据不同时期，抓好饲养管理技术，满足孕牛的营养需要，保证胎儿正常发育，防止流产，以获得健壮的犊牛，为育肥牛提供牛源。为增加养牛收入，现将母牛妊娠期的饲养管理技术介绍给养牛户供参考。

母牛妊娠前期：一般是指受精卵的产生到胎儿发育前3个月的时期

饲料配方推荐：玉米54%、豆粕16%、麸皮25%、预混料2.5%、食盐1.5%、小苏打1%。这段时间，母牛不再有发情表现。胎儿生长速度缓慢，需要母体供给的营养量不大，要求质量高。代谢机能加强，物质和营养吸收能力强，采食量逐渐增多，膘情明显增加。妊娠母牛放牧饲养时，青草季节尽量延长放牧时间，一般不补饲。青草萌芽期不宜长时间放牧，晚间补饲足量的干草、青贮饲料和少量的精饲料，以满足营养需要。冬春季节，我国北方地区天气寒冷，草地多被大雪覆盖，牧草枯萎且营养价值低。此时如果长时间远距离放牧，会造成妊娠母牛体力消耗大、吃不饱，影响胎儿发育。为此，秋天草原区要贮备足量的青干草或青黄贮饲料。农区要贮备足量的青黄贮饲料。饲养上，不要求给予高浓度精料，要满足优质精饲料的供应。精料按母牛体重的0.4%进行饲喂，分成两顿。补喂青绿多汁饲料，要满足妊娠母牛对饲料的能

量、蛋白质、矿物质和维生素等营养的需要。饲喂优质牧草，牧草要多样化，不可长期饲喂单一牧草。饲喂要做到定时、定量，保持草料和饮水的卫生。不要突然更换草料，如更换草料要循序渐进，不可饲喂霉变草料。管理上，此期为胎儿着床时期，做好保胎，预防母牛早期流产。牛舍要防寒保暖，牛栏内要干燥，垫草要经常更换。坚持每天刷拭牛体一次，保持牛体清洁，舍内粪尿及时清理。用 10% 石灰水消毒牛栏、墙壁及牛饲槽。

母牛妊娠中期：母牛妊娠 4—6 个月为妊娠中期。

精料配方推荐玉米 54%、豆粕 16%、麸皮 25%、预混料 2.5%、食盐 1.5%、小苏打 1%。此期胚胎或胎儿组织、器官发生和发育，脑、中枢等神经系统形成、分化和发育，已具有胎儿的形态特征，胎儿长度为 30~50cm。妊娠后的前 6 个月，由于胎儿小，需要的营养不大，但此阶段是胚胎、胎儿发育的关键时期，饲料配制要重视营养全价及饲料的品质。如果营养缺乏，特别是蛋白质和维生素等不足，可导致早期胚胎死亡或先天畸形等。妊娠母牛混合精饲料的饲喂原则是：前 6 个月少喂，6 个月以后多喂；夏秋季少喂，冬季多喂；初胎及 2 胎少喂，3 胎以后牛多喂；活重大、健壮、采食粗饲料多的牛少喂；活轻、瘦弱、采食粗饲料少的牛要多喂。妊娠中期，随着胎儿的增重加快，母牛膘情明显增加，食欲也较前期增加。饲养上，应注意饲料质量，不喂腐败、霉烂、冻冰饲料，防止母牛食物中毒导致流产。营养标准较妊娠前期增加，精料量可达母牛体重 0.5% 进行饲喂，分为 2 顿。管理上注意舍内外卫生，刷拭牛体 35min/d，做好冬防寒、夏防暑工作。

母牛妊娠后期：母牛妊娠 7—9 个月为妊娠后期

推荐配方：玉米 62%、豆粕 23%、麸皮 10%、预混料 2.5%、食盐 1%、小苏打 1.5%。胎儿在牛体内 60~80cm，分娩前 3 个月，胎儿的增重占犊牛初生重的 70%~80%。此期，由于胎儿在母牛体内生长速度较快，需及时供给大量营养满足胎儿需要。饲料要营养全价、品质优良，满足其数量。否则，会导致胎儿生长发育缓慢、初生重小，以后难以补偿生长，抗病力弱，犊牛饲养成本增加，难以培育出健壮犊牛。在产前 12 个月内，可给予混合精料，膘情中等母牛每天补给母牛体重 0.6% 精饲料，膘情差的母牛每天给予 3kg 以上精料。可增加饲喂次数，4 次 /d，少量多次。减轻采食过多对腹腔、胸腔的压迫。这时胎儿已经很大，母牛消化器官由于受胎儿挤压，有效容量减少，

母牛产前 15 天

推荐配方：玉米 62%、豆粕 23%、麸皮 10%、预混料 2.5%、食盐 1%、小苏打 1.5%，此时要减少母牛的饲喂量，按母牛体重的 0.3% 进行饲喂，少量多次，以防犊牛过大、产道受阻、母牛易难产等问题，同时要增加母牛运动量以便母牛调整胎位。

（四）加强乳房的按摩

为了促进母牛在产后泌乳性能的发挥，在母牛的妊娠阶段就需要适当对母牛的乳房进行按摩，这样不但可以促进产奶，预防乳房炎，还可以使母牛变得温顺，易于管理，便于分娩时顺利接产。

五、母牛流产综合防治措施

妊娠期母牛常因饲养管理不善或患有某种疾病而发生流产，有调查表明母牛流产率为10%左右，其中包括隐性流产、早产、小产、死胎、胎儿腐败或浸溶等。能导致母牛发生流产的原因多种多样，可将其分为3类，由于饲养管理不善或母牛自身繁殖障碍导致的流产称为普遍性流产，因传染性疾病导致的流产称为传染性流产，由寄生虫导致的流产称为寄生虫性流产。

（一）病因

1. 普遍性流产

在饲养母牛的过程中，日粮配比不科学，导致母牛缺乏各种维生素、钙、磷、镁等微量元素时，母牛体质虚弱，供给胎儿的营养不足，导致胎儿不能正常生长，导致母牛发生流产。此外，饲料品质不良，或饲草中含有农药、激素等均能引起流产。当饲养密度过大时，牛只之间经常会发生顶撞或追逐，也会使怀孕母牛受到应激后流产。当母牛发生疾病时，治疗过程给予肾上腺皮质激素类药物、缩宫素或一些其他的怀孕母牛禁用药物也容易导致流产。怀孕母牛驱虫、疫苗注射等常规操作也都应加以注意，尽量减少母牛应激反应，更不应发生发情误配或贸然直肠检查等操作，这些操作均容易引起母牛流产。母牛繁殖障碍也会导致流产，如怀孕时怀有双胎且在同一子宫角时多发生流产，在妊娠过程中，胚胎发育停滞也会造成早期流产。另外，中兽医认为脾气下陷引起的直肠脱出或阴道脱出也会引起流产。

2. 传染性流产及寄生虫流产

很多传染病均会引起妊娠母牛流产，如布鲁氏杆菌病、李氏杆菌病、衣原体病等，滴虫等寄生虫也会导致母牛流产。这些传染病导致的流产在流产发生时间上略有不同，如布鲁氏杆菌病造成的流产通常在怀孕5~8月后，而滴虫则是在怀孕初期至3个月内造成母牛流产。

（二）症状

1. 隐性流产

隐性流产多发生在怀孕早期的母牛中，是胚胎被母体吸收或消失的一种流产现象，通常随着怀孕母牛尿液离开母体，很难被发现，临床上几乎无明显症状，但发情周期会稍有延长。

2. 早产

早产常发生于怀孕后期，其过程与正常分娩极其相似，只是分娩时间没有到预产期，故称为早产。早产前母牛症状不太明显，部分母牛会有乳腺膨大、阴唇肿胀以及阴门内有清凉黏液等症状，早产胎儿与足月胎儿相比更需要细心照料才可成活。

3. 死胎

其征兆类似于早产，但是在胎儿产出前通过直肠检查感觉不到胎动，妊娠脉搏较弱。娩出的胎儿没有生命体征，偶有干尸化现象。如果死胎较小，怀孕母牛在分娩的过程中较为顺利，对以后受孕影响较小，但是当死胎比较大或分娩过程不顺利时，很容易造成子宫内膜炎或阴道炎，此后再配种时不易受孕，还有患败血症的风险。

4. 延期流产

延期流产是指胎儿死亡后没有被娩出，长时间停留在母体中，导致的结果可以分为3种，

分别是胎儿干尸化、胎儿浸溶以及胎儿腐败。胎儿干尸化是由于胎儿没有被及时娩出，组织中的水分和胎水均被吸收，此时胎儿呈棕黑色。这种情况通常是怀孕母牛在妊娠期满后的一段时间，体内黄体逐渐消失，有明确的发情表现后才会被娩出。排出胎儿前母牛没有明显变化，但腹围不再增大。胎儿浸溶是在胎儿死亡后组织逐步溶解为液体，但骨骼仍停留在子宫内，这种情况怀孕母牛的全身症状较为剧烈，且常有腹泻症状。胎儿腐败是胎儿死亡后腐败菌经子宫颈口进入子宫内，导致胎儿腐败分解，使子宫内充满气体，怀孕母牛常出现体温升高，子宫内有红色液体且有恶臭味，触摸胎儿时，胎儿有明显的毛发脱落现象，且有捻发音。

（三）防治措施

应对怀孕母牛加强饲养管理，在饲料配制上要营养均衡且全面，要在摄入足量的蛋白饲料、能量饲料的同时，注意补充微量元素和多种维生素。在产前和产后母牛容易发生血钙含量下降的现象，所以应视情况补充钙制剂。在运动方面，怀孕母牛更应加强运动，运动不仅能提高母牛抗病能力，而且能防止母牛过胖而引发难产，但在运动的过程中不宜强力驱赶，还要严格控制运动场内牛只数量，防止母牛因过于拥挤而发生顶撞或角斗。

在母牛空怀期应做好孕前准备，如制定科学的防疫和驱虫程序，对于任何容易对母牛的生殖器官造成影响的疾病均需要采取严格的卫生防疫措施，尤其是对于一些容易发生流产的疾病要着重筛查，如布鲁氏杆菌病就是其中之一，对于这一疾病，要每年对牛群进行 1 次布鲁氏杆菌病检测，对于种用牛应酌情提高检测频率，检测结果为阳性的要及时扑杀。规模化养殖场应坚持自繁自养或全进全出，这样能更大限度地减少母牛患传染病的几率，预防传染病最有效的方法是免疫，可以定期进行布鲁氏杆菌 S19 弱毒活菌冻干苗的注射，注射后患病率会大幅度降低，减少流产发生。

采取人工授精技术繁育，减少或避免本交，也能在一定程度上降低传染病的发病率。在对怀孕母牛用药时，应避免缩宫素、催情药、泻药或拟胆碱类药等药物的使用，也要杜绝阴道检查，尽量避免直肠检查。这些药物和操作均易造成母牛流产现象。

对于已经出现流产征兆的怀孕母牛应进行隔离并做病原检测，排除传染性流产的可能后再安胎。如果母牛是因疾病而出现流产征兆，应及时隔离，对于患有布鲁氏杆菌病的母牛应及时淘汰并扑杀。安胎可以选择黄体酮进行肌肉注射，每日 1 次或隔日 1 次，此外应给予镇定类药物，如氯丙嗪等，也可以给予安胎白术散等中药制剂安胎。如果经过以上处理后，仍没有将病情稳定，则应进行阴道检查，通常这类情况在进行阴道检查时会伴随子宫颈口张开，如果子宫颈口张开不完全，可以肌肉注射前列腺素或地塞米松等，怀孕月份较大的可以直接将胎儿拉出，如果月份较小也应帮助患病牛排出子宫内容物。当已经确定出现干尸化胎儿时，应用氯前列烯醇等雌性激素，如果此时胎儿仍不能成功取出，则应及时截胎再分块取出。

胎儿已经发生浸溶，则应尽可能地将胎骨全部取出，如果在分离过程中有困难，那么应先将大块的胎骨破坏后再取出。如果胎儿有气肿发生，则应先在胎儿腹部做一放气孔，而后待胎儿体积变小后牵引出母体，当胎儿全部取出后，要用消毒液清洗子宫，如果子宫内液体排出有困难时，可以酌情使用催产素促进子宫收缩，而后在子宫内撒布抗生素，应尽量选择广谱抗生素以减轻全身症状。

第四节　分娩期母牛的饲养管理

近年，为加速肉牛品种性能改良，引进了大量优质种公牛的冻精，开展人工授精技术，使肉牛生产性能进一步提升。但由于采用的优质公牛与黄牛配种产生的杂交后代犊牛出生体重相对较大，加之舍饲母牛运动量效小，母牛在分娩过程中发生难产现象的概率增加。在母牛生产过程中，为确保母牛与犊牛的健康安全，就要做好肉牛分娩与助产工作。肉牛分娩是繁殖下一代的重要工作，同时也是养殖场扩大养殖规模、提高养殖效益的重中之重。肉牛进入分娩期后，如果长时间不能正常生产，犊牛很容易窒息死亡。针对这种情况，就要提高重视程度，密切观察肉牛的具体分娩征兆，做好生产过程中的各项准备工作，一旦出现难产现象，应该立即采取有效措施进行人工助产，保证母牛顺利分娩，犊牛健康成活。

一、肉牛分娩要点

（一）分娩临床表现

母牛进入分娩期后会表现出明显的临床症状，根据这些症状要求饲养管理人员提前做好分娩准备工作。肉牛进入分娩期后表现出异常举动，如妊娠母牛频繁排尿，并在圈舍中十分不安，不断地卧下或站立，回头顾腹，不断哞叫，采食量逐渐下降。阴门逐渐开张，并且出现间歇性的努责现象，表示母牛已经进入分娩期。进入分娩期的母牛，乳房显著肿大，颜色红润，静脉血管肿胀，乳头坚硬。在产前 1~2d 可以从乳房中挤出少量乳汁。母牛在产前 12h 左右，体温会呈现不同程度的下降，最大下降程度为 0.8℃。之后母牛的生殖系统进一步充血、肿胀，质地柔软，颜色呈现潮红色，阴道的褶皱消失，子宫颈口充满大量黏液。卧地时，从阴道中流出大量透明黏液。母牛的盆骨韧带在分娩前 1~2 周逐渐出现软化现象，在产前 36h 左右荐坐韧带后端变得非常松软，荐骨活动范围逐渐增大。同时，分娩母牛的尾根部也会出现明显的变化情况。两侧的尾根逐渐松软，向内塌陷，腹部向下垂行，走时可以感到明显的肌肉颤动。

（二）分娩前的准备工作

当母牛出现上述分娩临床表现后，表示母牛已经进入分娩期，应将母牛及时转入产房，让其在产房中自由活动。母牛在进入产房前，应该对产房进行一次全面的清扫与卫生消毒，确保产房背风向阳、干燥整洁、通风良好。消毒过程中常用的消毒剂为 3% 的氢氧化钠溶液，3% 的煤酚皂溶液，或 20% 的生石灰溶液。另外，还应提前准备好母牛生产过程中要使用的饲草、饲料与垫草，并准备好接产用具，包括毛巾、肥皂、药棉、剪子、5% 的碘酊消毒剂、消毒药水、脸盆等。

（三）母牛分娩

母牛分娩是指胎儿生长发育成熟后，胎儿、胎膜、胎水从子宫中顺利排出的一种生殖系统现象。母牛的分娩过程是从子宫的阵缩开始，到母牛将胎衣完全排出为止，整个过程分为开口

期、产出期与胎衣排出期。

1. 开口期

这个时期是指母牛从子宫开始阵缩到子宫颈完全打开的过程，通常为 2~6h。进入开口期后，母牛精神状态不安，喜欢待在安静的地方，且腹部开始出现阵痛，阵痛时间逐渐缩短，每次阵痛时间为 15~30s，间歇时间通常为 15min。随着分娩向前推进，分娩母牛的症状逐渐加重，腹部出现小的阵缩现象。

2. 产出期

指从子宫颈完全开张到胎儿完全排出的过程，时间通常为 0.5~4.0h。母牛表现为极其不安，腹痛症状逐渐加重，不断地站立与卧下，弓背，努责。子宫颈口完全张开，胎儿逐渐进入产道，母牛的腹部收缩，症状逐渐加重，收缩时间逐渐变短，每 15min 收缩 7 次左右。经过母牛的多次努责后羊膜会逐渐达到阴门，羊膜破裂后，从中流出大量的羊水。进而胎儿的鼻端与前肢蹄部逐渐露出产道，经过母牛强有力的努责后，犊牛完全排出。

3. 胎衣排出期

是指胎儿从正常分娩到胎衣完全排出，持续 1~8h。这个阶段的母牛仍会表现出轻度的努责现象，子宫逐渐收缩，子宫颈口逐渐关闭，以便将胎衣从产道中完全排出。

二、人工助产措施

（一）认真检查

当母牛出现难产情况后，应该对母牛进行全面检查，要检查母牛的胎膜是否出现破裂，是否从产道中流出羊水。初产母牛大部分因为产道狭窄而引发难产，经产母牛多是因为胎儿的方位与姿势不正确造成难产。此时应该对胎儿的胎位情况进行严格检查。当胎位正常时手指消毒后伸入胎儿的口中，如果感到有吮吸动作，则表明胎儿成活，反之则表示犊牛死亡。

（二）人工助产

将母牛保定好，通常采用站立姿势进行保定，使母牛前高后低，这样方便犊牛出生。将胎儿露出的部分与母牛的会阴、尾根等处使用肥皂水清洗干净，然后选择 0.1% 的高锰酸钾溶液进行消毒，避免在操作过程中产道受到污染而引发致病菌感染。在人工助产过程中，如果胎位不正，应该先将胎儿推回到子宫腔中，将胎儿的姿势矫正后再进行助产。在胎儿拖拉过程中，助产人员应该有节奏地推拉，随着母牛的努责避免引发产道损伤。对于初产母牛产道狭窄或产道干燥的情况，可以向产道中注入一定量的液体石蜡或肥皂水进行润滑，保护产道黏膜，避免出现损伤。如果胎儿的头部已经露出，助产人员应该抱住胎儿，一推一脱，顺着母牛的努责顺势将胎儿拉出。胎儿平安出生后，应该及时清除母牛子宫内的胎衣碎片与各种淤血物质，选择使用 1% 的高锰酸钾溶液对子宫进行冲洗，加速伤口收敛恢复，并向子宫中注入一定量的抗菌类药物，防止出现细菌感染。

（三）预防感染

母牛人工助产结束后，如果阴道持续分泌出脓性分泌物，则表示母牛存在一定程度的生殖系统感染，应该立即采取措施进行治疗。有条件的养殖户应该采集母牛的阴道分泌物，进行严格的实验室诊断，筛选出具体的致病原，然后进行药敏试验，选择高敏抗生素进行对症治疗。在治疗前，应该对患病牛的整体发病情况有一个大致的了解，判断是子宫黏膜受到损伤，还是子宫颈受到损伤，然后确定最佳的治疗方案与治疗周期，保障母牛在短时间内恢复原有的生殖功能，提高母牛的受胎率。母牛产道出现损伤后，应避免在下一个情期进行人工配种，应该保证产道炎症得到有效恢复后再进行人工配种。

三、母牛产后瘫痪防治

母牛产后瘫痪是一种常见的成年母牛分娩后遗症，又可以称为生产瘫痪，也叫“乳热症”。这是由于成年母牛在分娩后缺乏血钙而导致的营养代谢障碍病，主要发生于高产奶牛。工作人员要重点关注母牛生产情况，认真分析母牛产后瘫痪的主要原因，结合养殖场实际情况优化选择合适的治疗方法，制定科学的预防措施。

（一）临床症状

母牛产后瘫痪主要分为 2 种症状表现，第 1 种是母牛呈现爬卧姿势，这一病症时期也叫“爬卧期”，此时母牛的头向一侧弯曲，精神沉郁，意识模糊不清，且出现闭目、昏睡、反应迟钝、瞳孔扩大、对光照反应不灵敏等；一段时间后，母牛的四肢肌肉僵硬感消失，四肢无法站立，且四肢皮肤逐渐发凉，耳根部位温度降低，通常体温会低于 35.9℃，且出现循环障碍，脉搏增加到 90 次 /min 左右，出现脉搏无力、食欲消失、反刍停止等情况。母牛产后瘫痪的另一病症时期为“昏睡期”，主要表现为头颈弯曲、瞳孔扩散、昏迷、体温进一步降低，且脉搏情况循环加剧，脉搏增加至 120 次 /min，还会出现瘤胃鼓气，瞳孔光反应消失等，此时若没有及时治疗，则容易导致母牛死亡。

（二）具体原因

1. 母牛生理因素影响

母牛产后瘫痪的主要病发原因是母牛的低血钙。在养殖场中，随着母牛生产次数的增加，母牛的生产能力逐渐提升，其患有产后瘫痪的概率逐渐加大，其中具有较大乳量的母牛患病概率更高，这主要是由于母牛本身的血钙情况发生变化。经研究表明，曾经患有产后瘫痪的母牛会在一定程度上降低自身的生产能力，缩短至 3~4 年，且其他类型的代谢性疾病的发病率提升。

2. 母牛饲养不合理

若在母牛的妊娠期间，工作人员为母牛提供的饲草营养价值较低，对母牛的营养供应不足，则会直接改变母牛体内的血钙浓度，减低母牛骨骼中的钙含量，促使母牛发生缺钙性瘫痪。另外，母牛在分娩后会出现乳汁增多的情况，母牛的乳汁中钙含量最高，若母牛体内的钙流失速度较快，且没有得到及时的补充，则会导致母牛产生产后瘫痪情况；还有部分工作人员不具备科学的养殖知识，使母牛乳房出现肿胀情况，且在每次挤奶时将母牛体内乳汁全部挤出，使母牛体内的营养成分大量流失，导致母牛产后瘫痪。

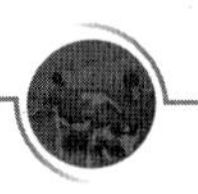

3. 母牛年龄变化

母牛的年龄因素是导致母牛产后瘫痪的主要原因之一。随着母牛年龄的增加，母牛的身体机能会发生一定程度的变化，其肠胃反应与骨骼状态会发生较大变化，母牛本身对食物中的钙质吸收能力下降，且骨骼对钙质的溶解能力发生变化，导致钙流失加速，促使母牛发生产后瘫痪情况。

4. 母牛分娩助产因素

在母牛分娩中，若工作人员缺乏科学分娩观念，没有掌握专业的助产知识与助产技术，没有选择科学合理的助产手段，就会引发母牛的子宫破裂，母牛出现大出血情况，促使其体内的血磷、血钙大量流失，导致母牛出现产后瘫痪。

（三）治疗方法

1. 钙剂治疗法

工作人员要结合母牛产后瘫痪的实际情况，针对病症较轻的母牛，采用钙剂注射，每头母牛注射 8~10g 钙，采用静脉注射的方法，注射后即可恢复；针对病症较严重的母牛，则采用 400mL 的葡萄糖酸钙进行静脉注射，通常母牛可以在 4h 内恢复，并能站立；针对病症极为严重，且伴随低磷酸盐血症的母牛，则需要采用浓度为 15% 的磷酸二氢钠，静脉注射 250~300mL，缓慢注射。

2. 乳房送风法

乳房送风法是一种常见的母牛产后瘫痪治疗方法，工作人员需要对母牛的乳头及乳头管口进行消毒，且注入 80 万 IU 的青霉素药剂，然后再利用乳房送风器对母牛的乳房进行充气，沿着下部乳区至上部乳区的顺序进行充气，充气结束后利用绷带扎住乳头，2h 后取下绷带，静待 12~24h 后，母牛乳房的气体就会消失。

3. 中药治疗法

中药治疗法是一种传统的母牛产后瘫痪治疗方法，其主要采用 50g 当归、30g 川芎、40g 血竭、30g 白术、30g 杜仲、30g 茴香、40g 坤草、30g 防风、30g 牛膝、30g 伸筋草、30g 甘草、30g 云苓及 30g 川朴，用水煎制，2 次合并后凉至 40℃左右，在药液中加入 200g 红糖，搅拌均匀，用胃管灌入牛胃中，1 次 /d，连续服用 1~3d 即可好转。

4. 西药治疗法

西药治疗法与上述的钙剂治疗法异曲同工，主要是对牛进行静脉注射。不同的是西药治疗法主要是对牛注射葡萄糖、糖盐水、反刍药剂、维生素 C 注射液及安钠钾等。工作人员可以采用 1000~2000mL 的浓度为 10% 的葡萄糖、800mL 浓度为 5% 的糖盐水、500mL 反刍注射液、500~1000mL 浓度为 10% 的葡萄糖酸钙、30~50mL 浓度为 10% 的维生素 C 注射液、10mL 的安钠钾，进行静脉注射，1 次 /d，结合病情连续注射 1~3d。

（四）预防措施

1. 加强母牛日常生活管理

工作人员要做好母牛的日常生活管理工作，保证牛舍的干净、卫生，时刻观察牛群状态，尽早发现母牛产后瘫痪情况，及时给予治疗，有效控制母牛的病发情况。工作人员还要注意在饲料中加入牛奶、豆类等富含钙质的食物，呵护母牛健康。

2. 分娩后科学挤奶

工作人员要形成科学的产后挤奶观念。在母牛分娩结束后，工作人员不要急于进行挤奶工作，而是在初次挤奶时为母牛保留 50% 的奶量，再利用 1~3d 逐渐净奶，一直到第 4 天将母牛的奶挤净。

3. 提高饲养管理标准

工作人员要加强母牛的饲养管理工作，针对母牛生产情况，在母牛生产前减少饲料中的高钙成分，且在其中加入适当的阴离子成分，在母牛生产的 21d 前，每天在母牛饲料中加入 50~100g 的硫酸铵元素与氯化铵元素，且在母牛生产的 5~7d 前开始进行维生素注射，进行浓度为 25% 的葡萄糖静脉注射，1 次 /d，连续注射 2~3d 即可。另外，工作人员还应保证待产母牛的光照时间，且在母牛生产后饲喂大量盐水，促使母牛尽快恢复身体机能。

母牛产后瘫痪是一种较常见的成年母牛产后突发性代谢疾病，其病情主要受到母牛生理因素、饲养、年龄变化及分娩助产等多种因素的影响，工作人员要从实际情况出发，全面考虑母牛的疾病情况，分析母牛的疾病原因，灵活运用钙剂治疗法、乳房送风法、中药治疗法及西药治疗法；还要加强母牛日常生活管理，科学进行分娩后挤奶，提高饲养管理标准，降低母牛产后瘫痪的发病概率，提高奶牛养殖场的经济效益。

第五节　哺乳母牛的饲养管理与产后配种

一、哺乳期母牛的养殖方法

母牛在整个泌乳期，依据其生理特点一般分为泌乳初期、盛期、中期和末期 4 个阶段。

哺乳期母牛的饲养管理：泌乳初期

母牛产犊后 10~15 天为泌乳初期。产犊后 3 天母牛尚处于体质恢复阶段，宜喂给优质干草、饮麸皮汤。

3~4 天后可适量饲喂多汁饲料和精饲料，每天的精饲料喂量不超过 1kg。当母牛的乳房水肿完全消失时，饲料喂量可增至正常。如果母牛产后乳房没有水肿、体质健康、粪便正常，在产犊后第一天就可喂多汁饲料，到 6~7 天时便可增加到足够喂量。

每次犊牛吃奶时要按摩和热敷乳房 10~20 分钟，使乳房水肿迅速消失。

哺乳期母牛的饲养管理：泌乳盛期

母牛产犊后 15 天 ~3 个月，牛的产奶量最高，这个时期宜采取“定期交替饲养法”，也就是粗料型（主要是优质干草和多汁饲料）和精料型的饲养方法交替使用。通过这种周期性的刺激，能够提高牛的食欲和饲料转化率，增加泌乳量，降低饲养成本。

通常情况下交替饲养的周期为 2~7 天。在此期间，应加强挤乳和乳房按摩，经常刷试牛

体，促使母牛加强运动、充足饮水。

哺乳期母牛的饲养管理：泌乳中期

泌乳 3 个月 ~ 干乳前 1 个月。这一时期母牛的产奶量下降，这是母牛泌乳的一般规律。但是全价配合饲料、充足的运动和饮水、加强乳房按摩等，可以延缓泌乳量下降。同时这个时期牛的采食量有较大增长，如果精料饲喂过量，极易造成母牛过肥，影响泌乳和繁殖。该期母牛适宜的日粮营养水平为每千克干物质含 2.13 个奶牛能量单位（NND）、13% 粗蛋白质、0.45% 钙和 0.4% 磷，精粗料比为 40：60。

哺乳期母牛的饲养管理：泌乳末期

干奶前 1 个月。这个阶段母牛已到妊娠中后期，胎儿生长发育迅速，母牛要消耗大量的营养物质，以供胎儿生长发育需要。

母牛日粮的营养水平为日粮干物质占体重的 3%~3.2%，每千克干物质含 2 个 NND、粗蛋白质 12%、钙 0.45% 和磷 0.35%，精粗比为 30：70。体重 600kg、日产奶 15kg 的母牛，日粮组成为玉米青贮 16kg、优质干草 5kg、胡萝卜 3kg、混合料 8kg（玉米 54%、豆粕 24%、麸皮 19%、磷酸钙 2.2%、食盐 0.8%）。

1 头大型肉用母牛在自然哺乳时，平均日产奶量为 6~7kg，产后 2~3 个月达到泌乳高峰；本地黄牛产后平均日产奶 2~4kg，泌乳高峰多在产后 1 个月，此时如果母牛的营养摄入不足，就会使泌乳量下降，并损害母牛健康。母牛在哺乳期能量饲料的需要比妊娠干奶期高 50%，蛋白质、钙、磷的需要量加倍。因此，早春产犊母牛正处于牧场青草供应不足的时期，为了保证母牛的产奶量，要特别注意泌乳早期的补饲。除补饲作物秸秆、青干草、青贮料和玉米等，每天补喂饼粕类蛋白质饲料 0.5~1.5kg。同时加强矿物质及维生素补充，有利于母牛的产后发情与配种。头胎泌乳的青年母牛除泌乳需要外，还要使其继续生长，营养摄入不足对繁殖力影响明显，所以一定要饲喂品质优良的禾本科及豆科牧草，精料搭配多样化。

二、哺乳母牛的饲养注意的问题

（一）舍饲哺乳母牛的饲养管理

母牛产犊 10 天内，尚处于身体恢复阶段，对于产犊后体况过肥或过瘦的母牛必须进行适度饲养。对体弱母牛，产后 3 天内只喂优质干草，4 天后可喂给适量的精饲料和多汁饲料，并根据乳房及消化系统的恢复状况，逐渐增加给料量，但每天增加精料量不得超过 1 千克，当乳房水肿完全消失时，饲料可增至正常。若母牛产后乳房没有水肿、体质健康、粪便正常，在产犊后的第一天就可饲喂多汁饲料和精料，到 6~7 天即可增至正常喂量。

定期对圈舍进行消毒，保持卫生清洁，预防疾病。

（二）哺乳母牛的放牧管理

由于青绿饲料中含有丰富的粗蛋白质，含有各种必需氨基酸、维生素、酶和微量元素，放牧期间的充足运动和阳光以及牧草中所含的丰富营养，可促进牛体的新陈代谢，改善繁殖机能，提高泌乳量，增强母牛和犊牛的健康，提高对疾病的抵抗能力。放牧饲养前应做好以下几项准备工作。

1. 放牧场设备的准备

在放牧季节到来之前，要检修房舍、棚圈及篱笆；确定水源和饮水后临时休息点；整修道路。

2. 牛群的准备

包括修蹄；去角；驱除体内外寄虫；检查牛号；母牛的称重及组群等。

3. 从舍饲到放牧的过渡

当母牛被赶到草地放牧前，要用粗饲料、半干贮及青贮饲料预饲，日粮中要有足量的纤维素以维持正常的瘤胃消化。夏季过渡期为 7~8 天，冬季日粮中多汁饲料很少，过渡期应 10~14 天。在过渡期，为了预防青草抽搐症，每天放牧 2~3 小时，逐渐过渡到末尾的每天 12 小时。

由于牧草中含钾多钠少，因此要特别注意食盐的补给，以维持牛体内的钠钾平衡。补盐方法：可配合在母牛的精料中喂给，也可在母牛饮水的地方设置盐槽，供其自由舔食。

三、母牛产后配种与注意事项

母牛生产后多久适合于配种一直是困扰养殖户的重要问题。如果母牛产后两个月之内就进行配种，那么繁殖率反而会下降。而在产后两个月之后进行配种，经过数个月的泌乳后，动物的受胎率会保持相对稳定。因此在母牛分娩后和再次受精之间有一个长期的恢复期是十分重要的，这主要是考虑到母牛子宫需要一个长期的修复过程。

（一）产后配种

子宫要从分娩时一个能够包裹住一头体重为 40 千克左右的犊牛，加上 30 升左右的液体和 4 千克左右的胎膜或胎衣的大容器，缩小至还没有正常人一个拳头大小的一个器官是十分不易的。

母牛在妊娠期间，胎膜有 70~120 个子宫阜，其与子宫内膜粘连在一起。子宫阜上没有子宫腺，其深部含有丰富的血管，妊娠时子宫阜即发育为母体胎盘。在非妊娠牛的了宫中，了宫阜缩小。每个子宫阜都被胎膜上的一个结构覆盖着。胎盘上的绒毛小叶和子宫内膜上的子宫阜共同组成一个结构，叫作胎盘瘤。在分娩时，一头大型母牛的部分胎盘瘤可能达到 7.6 厘米 ×12.6 厘米 ×5.0 厘米大小。一般情况下，胎膜的完全排除发生在产犊后的 8 个小时内。这需要胎盘绒毛子叶从子宫阜上迅速剥离下来。如果没有剥离下来，就要人为进行处理。

虽然母牛和所产犊牛的血液实际上没有混合，母体和胎儿的营养交换仍可以通过这些胎盘瘤完成。溶解在母牛血液中的营养物质通过这层薄膜屏障进入到犊牛血液中，同时，代谢废物也由犊牛经同一层薄膜转运至母牛血液中，再通过母体排出。为了保证这一转运的完成，大量毛细血管出现在子宫阜和胎膜绒毛子叶上。胎盘瘤实际上就是由大量毛细血管组成的结构，这也使大量的血液能够在母体和胎儿之间流通，而且两种血液之间仅仅相隔一层很薄的组织，以便营养和代谢废物可以轻易在两者之间发生转换。考虑到这一组织的大小和功能，就能够理解其需要花费一段时间来增大，也就能够理解这种专门的子宫阜要花费一段时间来恢复其正常大小。

（二）注意事项

在实际饲养管理当中，如果动物的分娩过程遇到困难，其产后子宫和子宫阜的复旧将会被推迟。动物分娩时发生的子宫疾病将导致胎衣滞留或其他感染，最终也会引起复旧推迟。另外，动物体内的其他一些疾病也会使子宫复旧的时间延长。

实际上，在母牛产后的最初数星期内，大部分的子宫已经开始缩小，且最初的几天缩小量最大，但是一些细微的变化需要更多的时间才能完成。如果子宫出现感染，即便情况向好的方向发展，这样的子宫在产后两个月时也不可能为受精做好准备。除非此时器官立即得到治疗，否则感染将会蔓延至输卵管，并会造成输卵管堵塞，以至于将来的妊娠可能出现障碍。另外如果母牛出现流产，而且流产是在明显且严重的子宫感染之后发生的，那么就需要对动物进行治疗并让动物长时间休息。

在母牛产后正常的情况下，产后两个月左右，子宫会为再次妊娠做好准备，完全收缩完成，且没有明显炎症状况，子宫阜也再一次收缩至很小，几乎呈点状。拥有此种状况子宫的母牛最有可能在进行一次人工授精后就受孕成功。

母牛在产后第一次受精前，给其一个 60 天左右的休息期，以便母牛子宫有足够的时间进行必要的修复。在此期间一定要注意正常的饲养管理，合理地对动物的发情周期进行观测，这样才能为下一次配种做好准备。

第七章　肉牛生态育肥技术

第一节　影响肉牛育肥效果的因素

肉牛育肥需要掌握肉牛的生长规律和育肥原理，加上科学的饲养管理方法，才能提高饲料的利用率、改善牛肉的品质、获得较高的肉牛养殖经济效益。另外，影响肉牛育肥效果的因素较多，在肉牛养殖过程中要充分了解影响育肥效果的因素，达到理想的育肥效果。

肉牛育肥是根据肉牛的生长规律，利用科学的饲料和饲养管理方法，达到提高饲料利用率、降低料肉比、改善牛肉营养成分、提高牛肉品质的目的，从而生产出符合人们需求的牛肉，进而获得较高的肉牛养殖经济效益。

一、肉牛育肥的原理

肉牛的体重增长。肉牛在营养条件充足的条件下在 1 周龄前的增重速度是最快的，达到性成熟时加速生长，之后增长速度变慢，待年龄到 4 岁后进入成年阶段，体重增长基本停止。利用肉牛这一阶段体重快速增长的特点，提供充足的营养，可以促进肉牛的生长和增重，达到良好的育肥效果。因此用于育肥的肉牛的最佳年龄为 1.5~2.5 岁，这一期间，骨骼、肌肉、脂肪都在生长，尤其是肌肉的生长速度最快，并且肌纤维细而肉质鲜嫩，体内脂肪少，饲料利用率高，育肥经济效益高。

肉牛的补偿生长。当肉牛生长发育到一定阶段后，如果饲料的供应不足，会使肉牛的生长速度下降，与其他营养充足的同龄肉牛相比，日增重慢、体重小，此时称为生长受阻。但是在这之后如果提供含有丰富营养物质的饲料，经过一段时间的饲养即可赶上其他同龄肉牛的体重，这一现象称为补偿生长。但是要注意的是，当肉牛发生轻度的生长受阻时可以进行补偿饲养，而发生较为严重的生长受阻，或者长期处于生长受阻的阶段，尤其是在肉牛的生长发育阶段，则很难补偿，从而导致形成僵牛，使终身的生产力受到影响。

不同生长发育阶段的肉牛的生长发育特点不同。在肉牛的生长前期，主要是肌肉的生长，这是肉牛增重的重点，随着肉牛的生长发育，肌肉的生长速度变慢，脂肪的增长速度加快，到成年后，体重的增长几乎全为脂肪的增长，此时肌纤维开始变粗，因此肉牛随着年龄的增长，肌肉的纹理变粗，肉质变差。在脂肪的增长中，肌间的脂肪是改善牛肉嫩度和风味的主要因素，因此对于成年牛育肥的目的就是增加这一部分的脂肪，从而改善牛肉的品质，提高牛肉产品的等级。

不同类型的肉牛的增重特点也不同，一般中小型的肉牛品种易育肥，在年龄较小时即可获

得较多的脂肪沉积，而大型肉牛品种的生长速度快。在相同的饲养管理水平下，同样的增重，不同的增重内容对牛肉品质的影响很大，因此根据肉牛的生长规律、品种特点选择适宜的肉牛和阶段进行育肥，才可达到理想的育肥效果。

二、肉牛育肥的影响因素

在肉牛的整个生长发育过程中，肉牛的产肉性能和牛肉的质量受到很多因素的影响，主要有肉牛的品种、年龄和性别、饲料的营养水平、肉牛生活的环境、饲养管理方法等。要想提高肉牛的产肉率，改善牛肉的品质，不但要选择合适的品种，改善饲养管理条件，还要掌握影响肉牛育肥的各种因素，认识肉牛的生长发育规律，并遵循其规律进行科学、合理的育肥，以达到肉牛养殖生产目的。

（一）品种

肉牛的品种对育肥效果有着重要的影响。牛按其用途可分为肉用牛、乳用牛、乳肉兼用型和役用型，其中肉用牛又分为大型晚熟品种、中型品种以及早熟小型品种。肉用牛的特点是能利用各种饲料，并且饲料的转化率高，能够提前结束生长期，较早地进入育肥期。在优良的饲养条件下可以获得较高的屠宰率和产肉率，和乳用型品种的牛相比，增重的速度快，肉质也相对较好。另外，不同品肉牛的产肉率不同，在饲养管理条件相同的条件下，大型品种达到相同体重的时间较短，而小型品种所需的时间较长，因为大型品种单位时间内的增重速度快；在相同的饲养管理条件下，小型早熟品种达到同样胴体产肉率的时间较其他品种要短，大型晚熟品种所需的时间较长，因为小型早熟品种的脂肪沉积早，出栏也早。所以肉牛饲养场要根据自身的养殖条件以及生产目的来选择合适的品种来进行育肥。

（二）年龄和性别

根据肉牛的生长发育规律可以看出，不同年龄的肉牛的育肥，增重效果不同，一般肉牛在 8 月龄前的生长发育最快，8 月龄到 2 周岁时缓慢，2 岁以上生长发育速度极慢，待到成年一般为 5 周岁后甚至会停止生长，这是因为低龄牛主要依靠肌肉以及各器官和骨骼的生长而增重。因此，在进行肉牛养殖时，一般在肉牛 1.5 岁以下进行育肥，最迟不能超过 2 周岁。

肉牛的性别不同，其育肥效果也不同，一般公牛的生长速度快，瘦肉率较高，饲料的转化率高，养殖场为了实现较高的屠宰率、瘦肉率以及较大面积的眼肌，并降低脂肪含量，选择饲养 1 岁左右的未阉割育成公牛，并在 2 岁前屠宰；相对于饲养公牛，母牛的脂肪比例相对较高，肉质更好，如果为了得到含有一定量的脂肪的牛肉可以选择母牛进行育肥；而去势肉牛则介于公牛与母牛之间，当牛进入性成熟后，可以适当对牛进行去势处理，经过去势的牛可以减少争斗，增重加快，肉质也得到了很大的改善，牛去势后，虽然胴体中的瘦肉和骨骼的生长速度都减少，但是脂肪在体内的沉积速度却加快，因此，去势是肉牛加速增重的重要方法，养殖场可以根据市场对牛肉的要求来选择不同性别的肉牛进行育肥，以满足消费者对牛肉的需求。

（三）饲料的营养水平

饲料的营养水平对肉牛的育肥起着关键的作用，肉牛的产量与饲料的营养水平有着直接的关系。给肉牛提供优质、营养全面、适口性好的饲料，会提高肉牛对饲料的利用率，进而使肉牛的增重加速，肉质也会更好。当饲料的营养水平低时，肉牛的日增重会下降，同时脂肪、肌肉和骨骼的生长发育也会受到影响，因此在肉牛进入育肥期时就要改善饲料的营养水平，以达到理想的育肥效果，特别是在育肥后期，要增加营养的强度，这样有助于脂肪的沉积，使肉牛的体重增加。一般情况下，日粮的营养水平高，肉牛的肌肉比例低；日粮的营养水平低，则肌肉比例高。所以，肉牛养殖要科学合理地调整饲料的营养水平，根据肉牛不同的生长阶段对营养的不同需求来调整饲料的营养。肉牛在犊牛期主要以肌肉生长为主，所以要提供较多的蛋白饲料，成年牛和育肥后期则以增重为主，则需要较高的能量水平。

（四）饲养环境

肉牛的生活环境对其生长发育有着非常大的影响。通常，养殖环境的清洁、干燥、温度和湿度适宜、光照合理对肉牛的生长发育及育肥有利，而不良的饲养环境对肉牛的不利影响很大，会影响肉牛的增重，推迟出栏时间，影响肉牛养殖的经济效益。一般肉牛育肥的最佳环境温度为 10~21℃，当温度低于 7℃时，牛体为了维持体温，产热增加，所以要消耗较多的饲料；当环境温度高于 27℃时，会使肉牛的采食量下降，增重缓慢，所以对于肉牛的养殖要做好冬季的防寒保温工作和夏季的防暑降温工作，为肉牛创造良好的生活环境。

（五）饲养方式

良好的饲养管理是提高育肥效果，增加产肉量、改善牛肉品质所必需的。目前肉牛的饲养方式主要有放养和舍饲饲养。放养的饲养方式相对来说更为经济，成本相对较低，但是受到自然环境条件的束缚，而舍饲饲养是目前肉牛育肥的主要方式，适于不同的品种、不同的年龄以及性别的肉牛，对饲养管理的水平要求较高，育肥效果也更好。为了追求更好的生产效益，养殖场应该结合自身的养殖条件选择合适的饲养方式，以达到使肉牛日增重快、出栏早、肉质好的要求。

三、肉牛育肥饲料配制及饲喂技术

肉牛育肥饲料配制及饲喂技术对促进肉牛的生长有着重要的作用，能够提高肉牛的生长性能、改善肉质，从而提高养殖经济效益。

（一）肉牛饲料配方的设计原则

1. 营养生理原则

首先要考虑到肉牛对能量的需求；其次，要考虑肉牛对蛋白质以及矿物质的需求。

在能量与蛋白质的比例上尽可能保持平衡，即从日粮中获取的可利用的能量和蛋白质之间的平衡，也可以说是碳和氮的平衡。在确保蛋白质水平的基础上，可以适当添加非蛋白氮饲料，以达到节约饲料蛋白质的目的。

要重视能量与以下几种营养物质的相互关系，第 1 种是氨基酸，第 2 种是矿物质，第 3 种是维生素。要保持营养物质的相互平衡。

要对饲料中的营养成分有一定的了解。

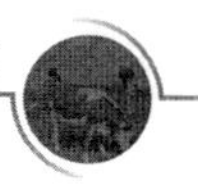

要关注能量进食量，最好不要超过肉牛的需求标准。

所设计的蛋白质进食量，可以适当超过标准的需求量，控制在 5%~12% 为宜。

要重视肉牛的干物质采食量，重视其与饲料营养浓度的相互关系。干物质总采食量标准为肉牛每 100kg 体重供给 2kg~3kg。干物质进食量不能超过标准的需求量，但也不能低于动物最低需要量的 97%。

饲料的组成尽量多样化，要确保适口性较好、容易消化。通常情况下，含有的精饲料种类不少于 3 种，粗饲料的种类最好不少于 2 种。

饲料的组成要保持稳定性。如果确定要更换饲料，那么就需要按照逐渐更换的原则进行。

要控制饲料中粗纤维的含量。通常情况下，以 15%~20% 比例为宜。

2. 经济性原则

在肉牛养殖生产中，因为饲料成本所占比重较高，在配合日粮时，要因地制宜，将饲料巧妙地利用起来，尽可能选择那些资源充足、质量稳定的饲料。要将当地的秸秆、饲草、农副产品、糟渣类等资源充分运用起来，这样既丰富了日粮种类，又可有效地降低饲料成本。

3. 安全性原则

要确保饲料原料的安全性，对于危害肉牛机体以及人类健康的物质，不能用作饲料原料。

在添加剂方面，对于允许添加的，要按照相应的规定进行添加，预防这些成分经由肉牛的排泄物威胁到周边的环境，影响人类的健康。

对于一些禁止使用的原料、配料，严禁添加到肉牛的饲料配方当中。

（二）肉牛育肥饲料配方实例

1. 以玉米青贮为主的饲料配方

以玉米青贮为主的饲料配方见表 7-1。

表 7-1　肉牛育肥日粮配方（以玉米青贮为主）kg

饲料名称	育肥前期	育肥中期	育肥后期
玉米青贮	30	30	25
干草	5	5	5
玉米	0.25	0.50	1.00
豆饼	0.25	0.50	1.00
碳酸钙	0.04	0.04	0.04
食盐	0.03	0.03	0.03

注：①该配方摘自《肉牛高产技术》；②该配方适用于体重 300kg 肉牛；③碳酸钙为添加剂。

2. 以野干草为主的饲料配方

以野干草为主的饲料配方见表 7-2。

表 7-2 肉牛育肥日粮配方（以野干草为主）

饲料名称	风干重量 /kg	比例 %
野干草	4.65	59.0
玉米	2.84	35.8
豆饼	0.34	4.7
食盐	0.05	0.5

注：该饲料配方在牛体重为 300kg、日增重 1kg 育肥时使用。

3. 以玉米秸秆为主的饲料配方

以玉米秸秆为主的饲料配方见表 7-3。

表 7-3 肉牛育肥日粮配方（以玉米秸秆为主）

饲料名称	风干重量 /kg	比例 /%
玉米秸秆	1.36	55.5
玉米	1.79	23.2
小麦麸	0.88	11.6
豆饼	0.58	7.3
骨粉	0.05	0.6
石粉	0.08	1.2
食盐	0.05	0.6

注：该饲料配方在牛体重为 300kg、日增重 1kg 育肥时使用。

4. 以酒糟为主的饲料配方

以酒糟为主的饲料配方见表 7-4。

表 7-4 肉牛育肥日粮配方（以酒糟为主）

饲料名称	用量 /kg	比例 /%
酒精	15.10	78.32
玉米	1.60	7.85
谷草	2.60	13.00
尿素	0.08	0.38
磷酸钙	0.06	0.28
食盐	0.05	0.17

注：①该饲料配方摘自《肉牛高效益饲养技术》；②磷酸钙在原饲料配方中为添加剂；③该饲料配方在牛体重为 300kg、日增重 1kg 育肥时使用。

（三）肉牛的饲喂技术

1. 日粮配合技术与要求

肉牛的日粮组成主要包括以下两种，第一是精料，第二是粗饲料。两者的比例有着一定的要求，要根据育肥的方式及生理阶段来进行确定。在精料中需要包含以下几种材料：第一是 2~3 种蛋白饲料，第二是 2~3 种能量饲料，第三是 1~2 种粗饲料。根据调查研究显示，在我国肉牛育肥饲料中，其蛋白质饲料基本能够实现多样化，但是基本都忽略了日粮中能量饲料的相互搭配，也不太重视饲料添加剂的应用。这些问题是导致饲料浪费以及肉牛生长较慢的一个关

键原因，要引起养殖者的注意。

生产者要根据肉牛的需要来制定日粮的配方。当饲料中某种养分不足时，要针对缺乏的养分进行调整，或是添加适量的饲料添加剂加以补充。如利用尿素来达到提升日粮蛋白质水平的目的时，需要对其用量进行合理控制，使用量不能超过精料总量的 3%。

2. 饲喂方法

犊牛。在母牛分娩后一段时间内（产后 5d~7d）所产的乳为初乳。初乳是犊牛不可缺少的食物。犊牛在出生之后 1h 内就需要吃到初乳，这样能够提升犊牛的抵抗力，能保证日后较高的增重。初乳的喂量要根据犊牛的代谢情况进行掌握，如果不影响犊牛的消化，那么可以尽量饮足。产后 4d~8d，假如仍然使用全乳来饲喂犊牛，那么可以让其自由饮用。以不引起下痢为标准。犊牛期要提供充足的水，出生后 1 星期就可以开始训练饮水。最初是要饮用温开水，半个月之后可以饮用常温水。当肉牛达到 1 月龄时，可以自由饮水，但是水温不能低于 15℃。为了防止犊牛出现拉稀的情况，可以在饲料中适量补充提高免疫力的添加剂。

勤添少喂，草料要拌匀。采取这种方法一方面能够节约草料，另一方面能够使草料保持新鲜的气味。草、料饲喂次序可依据草的口味以及草的质量来确定。饲草味香、质量高的可以先料后草；如果不是的话，那么可以将草料进行混合。拌草料时加水量的多少，要根据季节以及原料种类来决定。

饲喂要“6 定”。

定时。在对肉牛进行草料的饲喂过程中，时间以及次数要固定。可以每天饲喂 2 次，也可以每天饲喂 3 次。相邻的 2 次饲喂要有一定的时间间隔，通常情况下不能少于 6h。每天要让肉牛至少饮水 2 次，饮足为止。夏季高温天气下，注意中午还要多加一次饮水。

定量。犊牛的喂奶量要按照规定来供给，不能让牛过饱。除此之外，育肥牛的草料喂量也需要按照饲养标准来提供。

定质。要保证奶和草料的质量，不能使其出现发霉腐败的现象，更不能被有毒物质污染。在草料中，切记不能够含有砂石、泥土、铁钉、铁丝等物质，发现后及时挑拣。

定温。哺喂犊牛的奶温需要进行固定，通常在 35℃ ~39℃。

定顺序。在进行饲喂时，要有一定的顺序，不能经常改变。通常是先喂草，然后再喂料，喂完料半小时后饮水。

定饲养员。肉牛的喂养或者犊牛的喂养需要安排专门的饲养人员来负责。

保证肉牛的饮水清洁。肉牛的饮水要干净卫生，不能让肉牛饮用污水或者有毒的水，否则会危害肉牛的健康。此外，在冬季要尽量让肉牛饮用温水。

要想提升肉牛的增重速度，提高生产性能，需要充分重视育肥饲料的配制技术；此外，还应该重视饲养管理过程中的一些注意事项，只有这样才能最大限度地发挥肉牛的生产性能，为生产者带来最大的经济利益。

第二节 犊牛育肥技术

犊牛育肥又称小肥牛育肥，是指犊牛出生后5个月内，在特殊饲养条件下，育肥至90~150千克时屠宰，生产出风味独特，肉质鲜嫩、多汁的高档犊牛肉。犊牛育肥以全乳或代乳品为饲料，在缺铁条件下饲养，肉色很淡，故又称“白牛”生产。

一、犊牛的选择

（一）品种

一般利用奶牛业中不做种用公犊进行犊牛育肥。在我国，多数地区以黑白花奶牛公犊为主，主要原因是黑白花奶牛公犊前期生长快、育肥成本低，且便于组织生产。

（二）性别、年龄与体重

一般选择初生重不低于35千克、无缺损、健康状况良好的初生公牛犊。

（三）体形外貌

选择头方大、前管围粗壮、蹄大的犊牛。

二、饲养管理技术

（一）饲料

由于犊牛吃了草料后肉色会变暗，不受消费者欢迎，为此犊牛肥育不能大量饲喂精料、粗料，应以全乳或代乳品为饲料或直接使用犊牛颗粒饲料。

以代乳品为饲料的参考配方如下：

配方1：脱脂乳60%~70%；乳清15%~20%；玉米粉20%~25%；矿物质、微量元素2%。

配方2：脱脂奶粉60%~70%；豆饼（粕）5%~10%；玉米粉10%~15%；油脂5%~10%。

（二）饲喂

犊牛的饲喂应实行计划采食。

1~2周龄代乳品温度为38℃左右；以后为30~35℃。

饲喂全乳，也要加喂油脂。为更好地消化脂肪，可将牛乳均质化，使脂肪球变小，如能喂当地的黄牛乳、水牛乳，效果会更好。刚开始饲喂应用奶嘴，适应后喂汤状或糊状料，日喂2~3次，日喂量最初3~4千克，以后逐渐增加到8~10千克。

（三）管理

严格控制饲料和水中铁的含量，让牛在缺铁条件下生长；控制牛与泥土、草料的接触，牛栏地板尽量采用漏粪地板，如果是水泥地面应加垫料，垫料要用锯末，不要用秸秆、稻草，以防采食；饮水充足，定时定量；有条件的，犊牛应单独饲养，如果几只犊牛圈养，应带笼嘴，以防吸吮耳朵或其他部位；舍温要保持在20℃以下，14℃以上，通风良好；要吃足初乳，最

初几天还要在每千克代乳品中添加 40 毫克抗生素和维生素 A、D、E，2~3 周要经常检查体温和采食量，以防发病。

（四）屠宰月龄与体重

犊牛饲喂到 1.5~2 月龄，体重达到 90 千克时即可屠宰。如果犊牛增长率很好，进一步饲喂到 3~4 个月龄，体重 170 千克时屠宰，也可获得较好效果。但屠宰月龄超过 5 月龄以后，单靠牛乳或代乳品增长率就差了，且年龄越大，牛肉越显红色，肉质较差。

第三节　直线育肥技术

一、肉牛直线育肥的优点与效果

（一）肉牛直线育肥的优点

一是缩短了生产周期，较好地提高了出栏率。二是改善了肉质，满足市场高档牛肉的需求。三是降低了饲养成本，提高了肉牛生产的经济效益。四是提高了草场载畜量，可获得较高的生态效益。

（二）提高肉牛育肥效果

1. 品种选择

肉牛品种的选择是提高经济效益的关键，非肉牛品种所需的营养物质要高于肉牛品种 10%~20%。纯种肉牛不如杂种牛生长速度快，三元杂种牛生长速度优于二元杂种牛，公牛生长速度快于母牛。

2. 年龄选择

试验表明，1 岁牛增长速度最快；2 岁牛增长速度为 1 岁牛的 75%；3 岁牛增长速度为 2 岁牛的 50%。为达到屠宰重量的要求，虽然购买小牛花钱少，但饲养管理时间相对要长，总消耗饲料量多，房舍设备占用时间长，资金周转也慢。鉴于上述原因，除生产高档的鲜嫩“小白牛肉”应选择小牛外，一般以选用 2~3 岁牛为佳。如果选择老龄淘汰牛育肥，应注意选择体大、健康无病的牛搞短期育肥，千万不要选择病牛育肥。

3. 尽量就地购牛

到外地购置肉牛时，夏季运输应注意密度不能过大，途中给足饮水，搞好防暑降温。试验表明，800 公里长途运输，用汽车运输牛体重损失率为 10.45%，火车运输体重损失为 20.07%。由于地域差异（气候、饲料等），从外地购入的牛必须经过一段时间，才能适应新环境，一般需经过 25~45 天才能恢复原来体重，所以买牛时地区差价不大时，不应舍近求远，以免得不偿失。

4. 育肥天数

试验表明，肉牛育肥以育肥 95 天效果最好，日增重 964 克，增重 1 千克肉所需饲料费最低，饲料报酬率最高；相反，育肥时间越长，增重 1 千克的饲料费用越多，饲料报酬率越低。

5. 牛舍温度

温度对育肥牛饲料消耗和增重影响较大。牛舍最适宜的温度为 10~20℃，牛舍平均温度低于 7℃时，牛体产生热量增加，采食量加大，饲料应用效率降低。舍温超过 27℃时，牛体温升高，呼吸次数增加，食欲下降，食量减少，影响增重。所以，夏季应注意通风降温，冬季应注意防寒，使牛舍达到冬暖夏凉的要求。

6. 饲料要求

饲料中蛋白质的含量应占 12%，老龄育肥牛应占 10% 以上，如低于上述含量，会影响牛的增重速度。牛日粮中粗饲料比例应占 30%~40%。目前农村喂牛的粗饲料品质太差，消化率极低，应该通过铡短、青贮、氨化、糖化等办法，改善适口性，增加营养成分，提高消化率。饲料粉碎的细度，不仅影响育肥牛适口性、采食量、日增重，还会影响饲料的转化率和饲料成本。饲料不能粉碎得过细，过细会影响牛反刍和消化，易造成食滞。精饲料一般粉碎成 2~3 毫米即可。

7. 添加增重剂

目前，我国应用较为广泛的是“玉米赤霉醇”和“瘤胃素”两种。因为它不属于甾族化合物，也不属于激素药物，饲料中添加上述增重剂，平均增重率在 20% 以上，该增重剂无毒、无味、无副作用，肉质无残留，安全可靠。

8. 驱虫、健胃与管理

牛育肥前，必须进行驱虫和健胃。日常管理应保持圈舍卫生，不喂发霉腐败饲料，保证充足饮水，环境要安静，实行圈养，减少运动，以达到理想的增重效果。

9. 适时屠宰

2~3 岁牛育肥期可分成两个阶段，前段是生长发育阶段，主要增重是肌肉、骨骼和内脏器官，要求饲料中蛋白质含量 17% 左右，能量饲料 2.4 兆卡 / 千克。后期阶段主要增重是脂肪，要求饲料中蛋白质含量占 12%，能量饲料 2.7 兆卡 / 千克。育肥牛脂肪沉积到一定程度时，牛食欲减退，饲料转化率降低，日增重减少，小牛育肥 8~10 个月，成年牛为 3 个月，体重达到 500~700 千克开始屠宰，经济效益最佳。

二、肉牛直线育肥技术育肥期饲养管理

直线育肥也叫持续强度育肥，就是犊牛断奶后不吊架子，直接转入生长肥育阶段。采用舍饲与全价日粮饲喂的方法，使犊牛一直保持很高的日增重量，直到达到屠宰体重时为止。一般 12~15 个月时，体重可达 500kg 以上，日增重量可达 0.8kg 以上，平均每千克增重消耗精饲料 2kg。犊牛 90~100 日龄，将断奶的犊牛与母牛分栏饲养，即可达到断奶目的，断奶后多采用异地饲养。应先让小牛适应环境，首先让它们自由活动，供给清洁的饮水。断奶后的犊牛先进行训饲。除饲喂青贮饲料外，还应每头犊牛添加 150g 犊牛配合饲料，逐日减少。一般 10~14 日龄可适应环境和饲料，然后过渡到育肥日粮，并且将月龄相同的育肥牛放入同一育肥栏，进入育肥期。

（一）育肥期三个阶段

育肥期分为育肥前期、中期和后期三个阶段，应按不同阶段配制各种日粮。

1. 育肥前期

前期设计为 60d，预期体重达 200kg，预期日增重 700g 以上。平均日进食干物质 4.5kg，日粮中粗料与精料比 13∶7，粗蛋白含量 13%。

参考配方为：青贮秸秆 29.3%，玉米面 35.2%，酒糟 29.3%，豆粕 59%，苏打 1%，食盐 0.3%。

前期的饲喂技术要点如下：

（1）饲料混合

饲喂前将日粮组成准确称重放在一起。机械混合时至少开动机器 3 分钟，手工操作时至少搅拌三次，以看不到饲料堆里各种饲料层次为准。这样牛不会挑食，可提高育肥牛生长发育的整齐度。

（2）饲喂方法

直线育肥技术中采用自由采食的方法进行饲喂。即将配制好的饲料投入饲料槽，昼夜不断，牛可任意采食。采用少添勤加，使牛总有不足之感，争食而不厌食。根据牛的采食习惯，早上食量大，因此早上第一次添料多些。晚上饲养人员下班前添料多些，保证夜间有料。自由采食的育肥牛日增重、屠宰率、净肉率等指标更高。

冬季偏冷，要补充一定的精料，以增加能量饲料为主，提高育肥牛的防寒能力，降低能量在基础代谢中比例。冬季育肥牛的日粮配方：青贮秸秆 29.8%，玉米面 40%，酒糟 18.7%，豆粕 10.2%，苏打 1%，食盐 0.3%。幼牛 4~5 月龄时，为增加食欲，改善消化机能，应进行一次健胃。常用药物为人工盐。将其悬挂在牛槽上，任其自由舔食。同时让其自由饮水，特别是北方冬季寒冷，肉牛最好饮用温水，至少每天三次。

2. 育肥中期

幼牛 3~6 月龄进入育肥中期，可定为 150d。预期体重达 35kg，预期日增重 1000g 以上。平均日进食干物质 6.0kg，日粮中粗料与精料比 11∶9，粗蛋白含量 12%。

参考配方：青贮秸秆 42.2%~44.2%，酒糟 26.4%~27.1%，豆粕 19.6%~22.4%，干草 8.4%~9.1%，苏打 1%。

中期饲喂方法与前期相同，采用自由采食。在 6 月龄时用伊维菌素注射液进行驱虫，每 kg 体重用量 0.2g。驱虫后 2~5h 专人监测。为促进幼牛增重，在 7~8 月龄时饲料中添加瘤胃素。它是一种非激素饲料添加剂，既能减少瘤胃蛋白质的降解，使过瘤胃蛋白质的数量得到增加，又可提高到达胃的氨基酸数量，减少细菌氮进入胃，同时还可影响碳水化合物的代谢，抑制瘤胃内乙酸的产量，提高丙酸的比例，保证给肉牛提供更多的有效能。

3. 育肥后期

育肥后 100~130d，预期体重达 450kg 以上，预期日增重 1.2kg 以上。平均日进食干物质 8.5kg，日粮中粗料与精料比 2∶3，粗蛋白含量 11%。

参考配方：青贮秸秆54%，玉米面35.5%，瘤胃素0.5%，豆粕9.2%，苏打0.5%，食盐0.3%。仍然采用自由采食。

（二）育肥期疾病防治

温度对育肥牛饲料消耗和增重影响较大。牛舍最适宜的温度为10~20℃，牛舍平均温度低于7℃时，牛体产生热量增加，采食量加大，饲料应用效率降低。舍温超过27℃时，牛体温升高，呼吸次数增加，食欲下降，食量减少，影响增重。所以，夏季应注意通风降温，冬季应注意防寒，使牛舍达到冬暖夏凉的要求。

犊牛断奶后转入育肥舍饲养。育肥舍为规范化的塑膜暖棚舍，舍温要保持在一定范围内，确保冬暖夏凉。夏季搭遮阴棚，保持通风良好。冬季扣上双层塑膜，要注意通风换气，及时排除有害气体。

育肥牛皮肤易被粪、尘土粘附，形成皮垢，降低保温与散热能力，而且降低皮肤血液循环导致犯病。因此常擦拭牛体，每3~5d擦拭一次，促进血液循环，增强食欲，保持牛体卫生。

每天清扫牛舍，保持干燥卫生，至少每天2次，用500~800倍的二氧化氯溶液进行均匀喷雾消毒，每天1~2次。

（三）育肥后适时出栏

适时出栏可降低饲养成本，提高养殖效益的主要环节。育肥牛12~15月龄体重达400~450kg，用手触摸鬐甲、背腰、臀部、尾根、肩端、肋部、腹部等，感觉肌肉丰厚，皮下软绵。用手触摸耳根、前后肋、阴囊周围感到有大量脂肪沉积，说明表情良好，可以出栏。

三、育成牛的直线育肥技术

直线育肥技术即在肉牛养殖中，利用牛早期生长发育快的特点，在犊牛5~6月断奶后，不拖架子，直接提高日粮营养水平，进行持续不间断的强度育肥，在12~24月龄时，牛的体重就能达到400~600 kg。国内外广泛采用该技术，且生产出的牛肉鲜嫩多汁，脂肪少，适口性好。

（一）舍饲强度育肥

牛的日粮始终维持较高的营养水平，一直持续到出栏。这种方法养牛，肉牛生长速度快，饲养周期短、饲料利用率高、育肥效果好。舍饲强度育肥的犊牛刚进舍，要有1个月左右的适应期适应新的环境，开始7~8个月的增肉期，然后是2个月的催肥期，沉积脂肪，促进牛体膘肉丰满。

1. 挑选和运输

犊牛的引进和购买，不能到疫区购买，要到手续齐备的牛场购买检疫合格的犊牛。在销售犊牛的牛场或市场，要仔细观察辨别，挑选精神好、体格壮、被毛清顺、呼吸正常、运动迅速、反应敏捷、粪尿正常、不肥不瘦，且经过免疫和佩戴有耳标的健康犊牛。运输过程要防应激反应，防冻防感冒，防热防中暑，检疫证明和布病检测报告等手续要随车同行。

2. 隔离观察

刚购回的犊牛要进行隔离观察饲养15 d，观察其精神状态、采食及粪尿情况，如果发现异

常，及时诊治和处理。隔离观察健康无病的牛免疫牛口蹄疫 14 d 后无异常方可混群。

3. 分群

隔离观察结束后，按照牛的品种、年龄、体重分群，一般 10~15 头牛分为一栏，每头牛都要栓养，有间隔距离，防止打架。

4. 驱虫

分群后第 5 天可投喂驱虫药驱除牛体内外寄生虫，常用阿维菌素或伊维菌素，7 d 后重复 1 次，确保驱除体内外寄生虫，以后每隔 3 个月驱虫 1 次。驱虫 3 d 后，给牛口服健胃散，每头牛 400 g 左右。

5. 运动

舍饲养牛绳子一般长 80~100 cm，不影响牛的有限活动范围。适当活动能增强牛的体质，提高其消化吸收能力，使其有旺盛的食欲。

6. 刷拭

每天上午、下午在喂牛后，对牛体刷拭 2 次，促进牛体血液循环，增加牛的采食量、还可减少体外寄生虫病的发生。刷拭要使用专用刷子，刷彻底，先从头到尾，再从尾到头，反复刷拭。

7. 合理的饮水和给食

牛的饲料有全价配合饲料、自配资料、混合饲料、青贮饲料、优质干草等。直线育肥的牛要自由采食，日粮要营养全面，富含碳水化合物、粗蛋白、粗脂肪、维生素、微量元素。换料要逐渐过渡，并保证充足饮水，冬天可以饮温热水。

（二）放牧补饲强度育肥技术

放牧补饲强度育肥技术是在有放牧条件的地区，犊牛断奶后，以放牧为主，适当补充精料或干草。在草原、草坡、林地草场较丰富的地方，常采用此方法。

1. 以草定畜

实行轮牧，防止过度放牧，破坏草场草坡。一般以 50 头牛为 1 群，犊牛放牧时，按 2 m^2 草场 1 头牛，中大牛放牧时，按 4m^2 草场 1 头牛来以草定牧。

2. 合理放牧

由于草的营养期，南方一般在 4—11 月适宜放牧，北方 5—10 月适宜放牧，其余时间草料枯萎，营养价值不高。牧草结籽期，是放牧育肥的最佳时期。放牧要保证水源近、水质好、水量足，每天放牧时间不低于 10 h。天气炎热时要早出晚归，中午在树荫或阴凉处休息。

3. 合理补饲

放牧的牛群不要在出牧前补饲，也不要在收牧后立即补饲，要在收牧回舍 3 h 后补饲，每头每天适宜补饲 1~2 kg 精料，不影响第 2 天的食欲和放牧采食量。

（三）牛场消毒和防疫防病

在育肥牛入舍前，对牛舍地面、墙壁用 2% 火碱溶液喷洒消毒，用新洁尔灭或 0.1% 高锰酸钾溶液对器具消毒。平常每天上午、下午各清扫牛舍 1 次，及时清除污物和粪便，做堆肥发酵等无害化处理。以后每 10 d 对牛舍地面、器具等消毒 1 次。另外还要制定合理免疫程序，定时驱虫、按时免疫，投喂酶制剂和微生态制剂，预防性投喂防病促长的中药制剂，及时治疗发生的各种疾病。

四、犊牛直线育肥技术

犊牛通过直线育肥，按牛的各个生长阶段分别采取不同的饲养管理方式，以促进犊牛的快速生长发育，从而提高牛肉的品质，满足市场对不同牛肉的需求，降低饲养成本，提高了肉牛生产的经济效益，也减少了草场的载畜量，对草场的恢复起到了促进作用。同时缩短了肉牛的生产周期，提高了出栏率，降低了饲养成本。犊牛直线育肥主要包括以下技术环节：

（一）育肥犊牛品种的选择

选择西门塔尔牛、短角牛、利木赞牛等优良公牛与本地母牛杂交改良所生的犊牛，尤其公牛犊最好，另外，荷斯坦奶牛的公牛犊也可选用。这些牛的杂交后代具有个体大、生产迅速、增殖快、遗传性能稳定、肥育能力强、肉质好的特点。

为获得健壮的牛犊，从基础母牛开始管理，选择健康母牛作为生产母牛群，采用同期发情法、利用孕马血清（PMSG）催情，每头母牛首次注射 PMSG10~20ml，隔 6d 再注射 20~30ml，使母牛同期发情，同期受孕，同期产犊，以便获得同批次的牛犊，便于饲养管理。

（二）犊牛的饲养管理

1. 初生犊牛管理

肉用犊牛出生时自然哺乳，犊牛出生后，用干毛巾擦净口腔、鼻孔上黏液，以防呼吸受阻造成窒息死亡。犊牛身上黏液让母牛舔擦，以增加母子亲和性。紧接着挤掉母牛第一把奶（第一把奶容易受到污染），30min 内让初生犊牛吃上初乳，初乳要吃足一周，因为吃初乳能增强抵抗力，防止病菌入侵。初乳中主要有盐类为 mg^{2+} 和 Ga^{2+} 的中性盐，具有轻泻作用，其中特别是镁盐，能促使胎粪排除，初乳的营养非常丰富，能促进犊牛快速生长。

2. 早期训练

采食犊牛的提早补饲至关重要，1 周龄时开始训练饮用温水，可在水中加入适量的牛奶诱食，在犊牛栏的草架内添入优质干草，任其自由咀嚼，练习采食。犊牛早期训练采食干草，能促使瘤胃早期发育，并可防止舔食脏物引起腹泻。为促进犊牛瘤胃的发育和补充犊牛所需养分，提早喂给一些精料，一般在 10~15d 开始训练吃精料，开始喂精料时，将精料制成粥状，并加入适量牛奶诱食，最初日喂 10~20g，逐渐增加喂量；犊牛出生后 20d 开始每日给 20~30g 胡萝卜碎块；60 日龄开始加喂青贮饲料，最初每天 100~150g，随着犊牛采食量的不断增加而增加饲量，并给予充足的饮水。

3. 防止腹泻发生

因为牛是反刍动物，胃内 pH 值要求相对稳定，特别是犊牛，胃肠功能很弱，所以不能轻易更换饲料，因为更换饲料肠胃功能紊乱容易引起腹泻，如不得不更换饲料，必须在原喂饲料的基础上，逐渐增加新饲料，利用 7~10d 的时间才全部更换过来。另外注意饲料及饮水的清洁

卫生，以防腹泻发生，影响犊牛正常生长。

4. 要有固定的作息时间

犊牛与母牛要分栏饲养，定时放出哺乳，定时喂饲料，还要有适度的运动时间。运动时速度不能过快，犊牛通过运动，并进行日光浴，促进健康。另外保证犊牛的休息时间，犊牛达 3 月龄时便可断奶，如果备有优质的代乳料供其采食，40 日龄就可断奶。

（三）育肥技术

1. 场地要求

犊牛断奶结束转入育肥圈舍，圈舍一般选择建在地势高燥、背风向阳、空气流通、坐南朝北的地方。因为此方向的圈舍，采光好，夏季凉爽，冬天能晒太阳，增加日照时间。牛犊转入育肥舍前，对育肥舍地面、墙壁用 10%~20% 生石灰水溶液喷洒，饲草用具用 5% 氯毒杀溶液消毒。以后每周用消毒药交替使用消毒一次。夏季如温度过高则搭遮荫棚，并保持通风良好，及时排出氨气、硫化氢、二氧化碳等有害气体。

2. 育肥牛的饲养

牧草、农作物秸秆、青贮料、氨化料等作为育肥牛的主要饲草，配合饲喂一些块根类饲料：如胡萝卜、红薯、南瓜等，切成小块饲喂，还可补充一些青绿多汁的青饲料，如红薯藤、青草等。饲喂得当，能得到很好的饲料报酬。犊牛转入育肥舍后，应让它好好休息，给足饮水和饲草料，并注意观察采食、饮水、反刍、粪便等情况是否正常，正常后进行驱虫健胃一次。驱虫健胃后，饲喂一些容易消化吸收的青干草，使其适应环境和饲养方式，过渡到育肥日粮、育肥日粮，每头牛日增喂玉米面 1kg、蚕豆面 0.5kg、食盐 50g，视其生长状况，逐步适当增加精料用量。也可进行放牧育肥，充分利用野生牧草适口性好、营养价值高的特点，白天放牧，晚上补充精饲料，能降低饲养成本。平时舍内挂食用“舔砖”，供其自由舔食，能增加食欲及补充微量元素。

3. 育肥牛的管理

做好育肥犊牛的防疫工作，牛口蹄疫、牛出血性败血症、气肿疽等对养牛业危害较大，应做好预防工作。三月龄以上犊牛按每头 2ml 口蹄疫疫苗、5ml 牛出血性败血症、5ml 气肿疽，每隔 1 周分别进行注射。还应注意防止瘤胃鼓气、腹泻等疾病发生，确保牛只健康生长。

4. 育肥牛去势

3 月龄公牛，选择晴天早上，阉割去势，此时段去势，出血少，对牛的生长无大碍，去势处理过的牛只，肉质比较细嫩，而且后期能获得高档牛肉。

5. 保持舒适的生长环境

每天及时清除排泄粪便，最好是修建化粪池，或直接排入沼气池，搞好环境卫生，以免环境污染引起疾病发生；另外防止蚊虫叮咬，以免引起牛体躁动不安，消耗体能，影响正常生长。每天刷拭牛体一遍，起到刷去脏物和促进血液循环的作用。还可播放轻音乐，让牛保持安静和心情放松，对生长有促进作用。

通过犊牛直线育肥，能缩短饲养周期，能提高出栏率，降低饲养成本，同时也能降低自然草场承载能力；通过直线育肥，据测定，牛日增重都在 1kg 以上，达 400 日龄时，牛体肌肉丰满，皮下脂肪沉积良好，毛色发亮，体重达 500kg 左右，此时肉质最好，可适时出栏。

第四节　架子牛育肥技术

肉牛架子牛快速育肥技术是指犊牛断奶后在低营养水平下饲养到 12—18 月龄后，再供给较高的营养水平日粮，集中快速育肥 3~6 个月，活重达到 550 千克左右时出栏屠宰。架子牛育肥是目前肉牛生产中的常用育肥方法，其特点是增重速度快、饲料利用率高、饲养周期短、效益高等。为了达到理想的育肥效果，获得较高的经济效益，需掌握全面的架子牛快速育肥的技术要点。

一、什么是架子牛

架子牛是牛的一个品种，首先要选购用夏洛莱、西门塔尔、利木赞、海福特等国外良种肉牛与本地牛杂交的后代架子牛；其次选购荷斯坦架子牛公牛或荷斯坦牛与本地牛的杂交后代。这样的牛肉质好、生长快、饲料报酬高。架子牛特点是体形大、肩部平宽、胸宽深、背腰平直而宽广、腹部圆大、肋骨弯曲、臀部宽大、头大、鼻孔大、嘴角大深、鼻镜宽大湿润、下颚发达、眼大有神、被毛细而亮、皮肤柔软而疏松并有弹性，用拇指和食指捏起一拉像橡皮筋，用手指插入后一档一握，一大把皮，这样的牛长肉多，易育肥。

二、架子牛育肥技术

（一）架子牛的选购

1. 品种

肉用杂种牛具有良好的产肉性能，比乳用牛生长快，饲料报酬高，在同样育肥水平条件下，肉用杂种牛日增重 2 千克以上，屠宰率可达 60%~65%。因此，架子牛最好选购国外优良肉牛、乳肉兼用品种（如夏洛莱、西门塔尔、利木赞、皮埃蒙特牛等）与我国本地黄牛（如晋南牛、秦川牛、南阳牛、鲁西牛和阜阳牛等）杂交所产的杂交牛进行育肥。

2. 性别

相同的育肥水平条件下，公牛生长速度比阉割公牛和母牛快，饲料转化率高，而且胴体瘦肉多、脂肪少。通常公牛增重速度高于阉割公牛 10%，阉割公牛又高于母牛 10%。所以，架子牛快速育肥，最好选购公牛，而不用阉割公牛和母牛。如果选择阉割公牛，则以早期阉割（3~5 月龄去势）的为好。

3. 年龄与体质外貌

年龄在 1.5~2 岁或 15~21 月龄，健康，体重在 300 千克以上，具备四肢高、体形长、性情温顺、皮肤松弛有弹性等特点。

（二）架子牛的育肥

1. 育肥前期（适应期）的饲养

让架子牛充分饮水，多喂粗饲料（氨化秸秆和青贮饲料），少喂精料，以后逐步增加精料，减少粗饲料的喂量。该期大约需 15 天。饲喂方法为：让牛自由采食氨化秸秆或青贮玉米秸秆，供应充足饮水，从第 2 天开始逐渐加喂精料，以后迅速增加，到前期结束时，每天饲喂精料可达 2 千克左右；或混合精料按体重的 0.8% 投给，平均每天约 1 千克。精料配方是：玉米粉 45%、麦麸 40%、饼类 10%、骨粉 2%、尿素 2%、食盐 1%，另每 1 千克精料加两粒鱼肝油。

2. 育肥中期（过渡期）的饲养

该期选用全价、高效、高营养的饲料，让牛逐渐适应精料型日粮。但为防止由于精料过多而引发肉牛拉稀、酸中毒等疾病发生，此期不宜过长，通常为 30 天左右。该期的饲料配方为：玉米粉 57%，麦麸 5.5%，去皮棉籽饼 12%，玉米秸粉 25%，骨粉 0.3%，贝壳粉 0.3%，食盐 50 克 / 头，维生素 A 2 国际单位 / 头，每天早、晚各饲喂 1 次，保持 4~5 千克 / 天，喂后 2 小时饲水。

3. 育肥后期（突击催肥期）的饲养

该期大约需 45 天。饲养要点是：日粮以精料为主，精料用量可占日粮总量的 70%~80%，并供给高能量（60%~70%）、低蛋白饲料（10%~20%），按每 100 千克体重 1.5~2 千克确定精料量，粗精料比例为 1∶2 直到 1∶3。适当增加饲喂次数，并保证饮水供应充足。饲料配方为：玉米粉 2~3 千克，糖渣 20~25 千克，酒糟 15~20 千克，青贮秸秆 10~15 千克，食盐 50 克，矿物质添加剂 20 克，早晚各饲喂 1 次；或用玉米粉 56%，棉籽饼 10%，麦麸 8%，氨化麦秸粉 24%，生长素 1%，食盐 1%，碳酸氢钠 0.5%，每头每天饲喂 6~7 千克。

（三）使用增重剂和瘤胃调控添加剂

1. 增重剂

目前，常用的主要有两种：一种是激素类，如睾丸酮、雌二醇、孕酮、乙烯雌酚等；另一种是通过瘤胃起作用的增重剂，如莫能菌素、拉沙里菌素等。前者主要是埋植在牛的耳根皮下发挥作用，架子牛的埋植量为 36 毫克 / 头；后者是以添加剂的形式，与饲料混合服用，一般 1 千克精料混合 40~60 毫克，初喂量可低些，以后逐渐增加至需要量，但每天每头喂量不能高于 360 毫克。应用增重剂，可使肉牛日增重提高 9.38%~27.31%。

2. 瘤胃调控添加剂

为降低瘤胃内异常发酵酸度过高，防止慢性酸中毒，在用高精料日粮育肥牛时，最好少喂或不喂酸度过大的青贮料，而用胡萝卜（或维生素 A）来满足维生素的需要。同时在其日粮中加入适量瘤胃调控添加剂，如碳酸氢钠和氧化镁等缓冲化合物。一般碳酸氢钠和氧化镁比例为 2∶1，碳酸氢钠的用量为 2%~1.4%（精料量）。另外，也可用甲醛或甲醛处理的饲料喂肉牛，可显著提高增重。一般用 0.01%~0.02% 的甲醛液，让牛自由饮用。

（四）架子牛的管理

1. 建好育肥牛舍（棚）

育肥架子牛的棚舍，要建立在地势高燥、背风向阳、水源充足、地下水位低的地方。开放式、半开放式或封闭式均可。一般采用砖墙、封闭式棚舍，前后设有窗户，无运动场，通槽饲养。冬春季节在我国北方一定要搭建塑料暖棚，做好保温。肉牛适宜的生活环境温度为7~27℃。

2. 限制运动

肉牛在育肥期应限制运动，一般采取拴系饲养（缰绳的长度以牛能卧下为度），以减少其活动范围，降低能量消耗，提高育肥效果。

3. 建立正常的生活制度

育肥期间要定时给牛喂料、饮水，坚持每天给牛刷拭身体 1~2 次，以保持牛体卫生，促进血液循环，提高育肥效果。为检查其饲养效果，每月应给牛称重 1 次，以便及时发现问题采取改进措施。

4. 加强防疫

保持牛舍卫生，搞好消毒防疫。对新购进的架子牛，应进行全面的检疫，严禁将传染病区的牛购入。购入后立即进行牛口蹄疫、牛猝死症等免疫，并用 0.25% 的螨净乳剂对牛进行一次普遍擦拭或用 2% 敌百虫溶液喷洒牛体，以驱除体外寄生虫。进栏 1 周内，以 1 千克体重喂 6~8 克左旋咪唑，驱除体内寄生虫，然后投喂健胃药，做好催肥准备。

5. 供足饮水

育肥期间饮水要供应充足，水质良好。冬春季节，水温一般不低于 20℃，并保持清洁。

三、架子牛的短期快速育肥技术要点

犊牛断奶以后，经过 8~10 个月或再长一些的生长期（1~1.5 岁），当活重达到 300 千克以上时，牛已有较大的骨架，但还没有达到上市活重，膘情较差，产肉率低，肉质差，而且大多小养殖户以“吊架子”方式粗放散养，收购这类牛进行集中育肥，经过 3~4 个月，使牛的活重达到 450~500 千克出栏，取得良好的经济效益，这个过程叫作架子牛育肥。架子牛育肥具有饲养周期短、资金周转快、饲料利用率高、便于组织生产、经济效益高等特点。但是资金投入也大。相比较而言，在牛的几种育肥方式中，架子牛育肥饲料报酬高、经济效益最好。

（一）防病驱虫

对刚买来的架子牛要全面检查，健康者注射口蹄疫苗、布氏杆菌病疫苗、魏氏梭菌病疫苗等方可入舍混养，并在进入舍饲育肥前进行 1 次全面驱虫。驱虫 3 天后，用人工盐或其他健胃药健胃。另外，刚入舍的牛由于环境变化、运输、惊吓等原因，易产生应激反应，可在饮水中加入 0.5% 食盐和 1% 红糖，连饮 1 星期，并多投喂青草或青干草，2 天后喂少量麸皮，逐步过渡到饲喂催肥料。在催肥过程中，要注意观察牛群的采食、排泄及精神状况。

（二）科学饲养

架子牛育肥可分为三个阶段，即育肥前期（适应期）、育肥中期（育肥过渡期）和育肥后期（突击催肥期）。

育肥前期大约需 15 天。主要以氨化秸秆和青贮玉米秸秆为粗饲料，并结合本地实际加喂精饲料。

氨化秸秆或青贮玉米秸秆自由采食，饮水供应充足，从第 2 天开始逐渐加喂精料，以后迅速增加，到前期结束时，每天饲喂精料可达 2 千克左右，或混合精料按体重 0.8% 投给，平均每天约 1.5 千克。精料配方：玉米粉 45%、麦麸 40%、饼类 10%、骨粉 2%、尿素 2%、食盐 1%。另外每千克饲料添加 2 粒鱼肝油。

育肥中期通常为 30 天左右。

饲喂过程中要注意合理搭配粗饲料，前期初粗精料比例为 3∶1，中期为 2∶1，后期为 1∶1。每天早晚各饲喂 1 次，保持日喂量 4~5 千克，喂后 2 小时饮水。

育肥后期大约需 45 天。日粮应以精料为主，精料的用量可占到日粮总量的 70%~80%，并供给高能量（60%~70%）、低蛋白饲料（10%~20%），按每 100 千克体重 1.5%~2% 喂料，粗精料比例为 1∶2，直到 1∶3，适当增加每天饲喂次数，并保证饮水供应充足。该期饲料配方为：玉米面 2~3 千克，糖渣 20~25 千克，酒糟 15~20 千克，青贮秸秆 10~15 千克，食盐 50 克，矿物质添加剂 20 克，早晚各饲喂 1 次；或用玉米粉 56%，棉籽饼 10%，麦麸 8%，氨化麦秸粉 23.5%，生长素 1%，食盐 1%，碳酸氢钠 0.5%，每头每天饲喂 6~7 千克。

（三）合理使用增重剂

目前常用的主要是通过瘤胃起作用的增重剂，如瘤胃素（莫能菌素）、拉沙里菌素等。通常以添加剂的形式与饲料混合一起经口服用，一般每千克精料混合 40~60 毫克。

另外，合理地使用尿素，对于增重非常有益。按每头每天添加缓释尿素添加剂 0.25 千克即可。尿素及各种添加剂可在晚上饲喂时喂给，喂后 2 小时内不能饮水，以防中毒。

（四）精心管理

最适宜的环境温度为 5~21℃。育肥期内应尽量为牛创造温暖、安静、舒适的环境。一般宜采取拴养育肥。每天要刷拭牛体 1~2 次，保持牛体清洁。牛舍顶部安装可开闭的通风窗，要经常通风换气。每天定时清除粪便，保持牛舍清洁卫生，干燥通风，严防潮湿。

（五）适时出栏

当架子牛经 2~3 个月肥育，牛体重达 500 千克以上时要停止育肥，及时出栏。具体判断出栏时间的方法有 2 点：

发现牛采食量逐渐减少，经调饲后仍不能恢复。

用手触及腰角或用手握住耳根有脂肪感时，表示肌肉丰满，即可出栏。

第五节　高档牛肉生产技术

一、高档牛肉及其应具备的主要指标

（一）高档牛肉的概念

所谓优质高档牛肉，是指优质高档胴体牛肉。所谓优等级肉牛，指经过特定肥育达到上等和特等膘情，年龄30月龄以内，屠宰体重600kg以上，能分割出规定数量与质量的高档牛肉肉块的牛。

（二）高档牛肉应具备的主要指标

1. 活牛

牛年龄30月龄以内；屠宰前活重600kg以上，表情上等（看不到骨头突出点）；尾根下平坦无沟，背平宽，手触摸肩部、胸垂部、背腰部、上腹部、臀部，皮较厚，并有较厚的脂肪层。

2. 胴体

胴体表面覆盖的脂肪颜色洁白；胴体表面脂肪覆盖率80%以上；胴体外形无严重缺损；脂肪坚挺。

3. 牛肉品质

（1）牛肉嫩度

肌肉剪切仪测定的剪切值3.62kg以下，出现次数应在65%以上；咀嚼容易，不留残渣，不塞牙；完全解冻的肉块，用手指触摸时，手指易进入肉块深部。

（2）大理石花纹

根据我国试行的大理石花纹分级标准（1级最好，6级最差）应为1级或2级。

（3）肉块重量

每条牛柳重2.0kg以上；每条西冷重5.0kg以上，每块眼肉重6.0kg以上；大米龙、小米龙、膝圆、腰肉、臀肉和腱子肉等质优量多。

4. 多汁

牛肉质地松弛，多汁色鲜；风味浓香。

5. 烹调

符合西餐烹调要求，国内用户烹调食用满意。

二、生产高档牛肉必须具备的条件

有稳定的销售渠道，牛肉售价较高。

有优良的架子牛来源（或牛源基地）。

具备肉牛自由采食、自由饮水或拴系舍饲的科学饲养设备。

有较高水平的技术人员。

有优良丰富的草料资源。

有配套的屠宰、胴体处理、分割包装贮藏设施。

三、产地环境

（一）环境质量

牛场大气环境质量和舍内空气质量应符合 NY / T388—1999 的要求。

牛场内污物排放应符合 GB18596—2001 的要求。

（二）选址

牛场应选择地势高燥，背风，向阳，水、电供应可靠，远离化工厂、屠宰场、畜产品加工厂、养殖场、垃圾及污水处理厂、风景旅游区 2000m 以上，离干线公路、铁路、城镇、居民区、公共场所 500m 以上。

（三）布局与设施

牛场应设生活与管理区、生产区、隔离区和废弃物处理区，并相互隔离。

生产区应处于生活与管理区的下风向或侧风向，隔离区和废弃物处理区的上风向或侧风向。

牛场应设净道和污道，并不相交叉。

废弃物处理区应配有粪便、污水、病死牛等废弃物无害化处理设施。

牛场周围应设围墙或防疫沟，并设立绿化隔离带。

牛场大门口应设消毒间和水泥结构消毒池，其中消毒池应与门口同宽，长度（约大型车辆车轮的一周半长）和深度能够满足进出车辆消毒要求；生产区门口应设更衣室、消毒间（或淋浴间）和消毒池，生产区内应设立兽医室；根据肉牛场实际，饲料饲草料入口、出粪口、牛舍门口也应设消毒池。

牛舍布局和结构应符合分阶段饲养方式的要求，舍顶应隔热，地面和墙壁应便于清洗，并能耐酸、碱。

牛场区和舍内应设良好的供水和污水排放系统。

牛场应配备对害虫和啮齿动物等生物防护设施。

牛场内不应饲养其他动物，食堂不应外购偶蹄动物生鲜肉及其副产品。

牛场应取得当地动物防疫监督部门颁发的“动物防疫条件合格证”。

四、高档牛肉的生产技术

随着人们的生活水平的不断提升，对畜禽产品的质量要求也越来越高，从对量的需求已经逐步转变为对畜禽产品的安全性和口感等方面的要求，所以提高牛肉的质量不仅是推动畜牧业发展的重要方式，也是提高养殖户收益的重要手段。高档牛肉的口感佳，营养价值丰富，高蛋白，低胆固醇，近年来受到广大消费者的青睐，但影响高档牛肉品质的因素较多，在养殖、屠宰、加工等多个环节都应当严格按照高档牛肉的生产技术进行，这样才能够保证牛肉质量，改善牛肉品质。

（一）选牛

高档牛肉对肉牛的品种、年龄、体重等方面都有着严格的要求，所以需要按照需求挑选合适的架子牛进行育肥。肉牛的品种多种多样，适合于生产高档牛肉的品种有安格斯牛、日本和牛、秦川牛、延边牛、墨累灰牛、复州牛、三河牛、科尔沁牛等，而西门塔尔牛、婆罗门牛等其他牛种不适合生产高档牛肉。另外，在选择架子牛时还应当挑选早熟品种进行饲养，一般肉牛在1周岁以内的生长速度最快，2周岁时体重约为1周岁时的2倍，所以一般选择架子牛时需要控制年龄在2周岁以内，这时增重最快，经济效益最高。在性别上，母牛的肉质最佳，其次是阉牛，最后是公牛，但生长速度也依次递增，公牛生长最快，出肉率最高。选择牛只时，应当挑选身强体壮，发育良好，性格温和，骨架大，脐部干净，皮肤松弛柔软，被毛有光泽，腰背肌饱满，肩胛骨和四肢骨骼健壮，这样的牛只健康状况好，适合生产高档牛肉。

（二）育肥过程

新购入的架子牛应当首先进行隔离观察，一般隔离期在0.5~1个月，在隔离期内需要对牛进行仔细的观察，无论是精神状态还是采食量的多少都要进行详细的记录。其间还应当对牛群进行驱虫，驱虫药可以选择敌百虫或左旋咪唑，对采食量欠佳的肉牛应当用健胃散提高其消化功能。高档牛肉的生产应当满足28月龄以上的育肥周期，自3月龄起进行断奶，断奶体重应在150kg左右，且在断奶前对犊牛进行采食调教，使其能够适应草料，有助于生长发育，18月龄内，称为普通育肥期，在此期间其牛肉与普通牛肉差别较小，饲喂方式也与普通育肥牛相似，合理地搭配日粮并供给充足的饮水。对于高档牛肉来说最重要的是最后10个月的强化育肥，虽然肉牛在最后的10个月中平均日增重不多，但能够显著提高牛肉的品质，更利于脂肪向肌纤维内渗透，使牛肉产生大理石花纹。有研究表明，育肥18月龄的牛料肉比为3.5：1，而育肥至28月龄的牛料肉比可达7.3：1，这也就显著提高了饲料的利用率。

（三）日粮配制

高档肉牛的饲喂直接影响高档牛肉的产量和品质，日粮中的能量、脂肪酸、蛋白质、维生素等多种营养物质均会影响到高档牛肉的品质。日粮中能量水平较高时，能够促进蛋白质的合成，牛肉的嫩度会提升。脂肪也能影响牛肉的适口性和风味，当日粮中添加了动物油或植物油等油类时能够显著降低牛肉中的水分和蛋白质含量，牛肉的pH值也会相应提高，肌肉内的脂肪氧化程度会降低，提高了产品的安全性。维生素A、维生素D以及β－胡萝卜素也均对高档牛肉的品质有着一定的影响，当日粮中的维生素A和β－胡萝卜素过多时会引起牛肉的大理石花纹减少且脂肪颜色变黄，影响牛肉的品质。而维生素D可以降低牛肉的剪切力值，胴体的形状也会有所改变，所以在饲养高档肉牛时应当酌情添加维生素D。

（四）屠宰和分割

育肥结束后肉牛的体重应当达到550kg以上，有些优良品种可以达到600kg，此时出栏屠宰率最高。屠宰后的胴体应当在0℃~3℃的环境下排酸，排酸时间在5~7d。排酸完成后要对牛肉进行分割，分割的原则是最大限度地提高产品的附加值，减少碎肉率。分割应从12个部

位进行，对于上脑、里脊、眼肉等部位应当按照规定进行修整。完成分割后要用塑料袋进行密封真空包装，并置于零下 33℃环境下速冻。上市前，还要对每批肉进行细菌、挥发性盐基氮等项目的检测，全部合格后方可上市。目前对于高档牛肉的生产规范尚不健全，从业人员应当积极建立有效的屠宰、分割、包装、运输以及销售的监管体系，从而抑制无序竞争，保障市场的秩序。

第六节　有机牛肉生产技术

一、有机牛肉的概念

国家环境保护总局有机食品发展中心（OFDC）对有机农业的定义是：指遵照有机农业生产标准，在生产中不采用基因工程获得的生物及其产物，不使用化学合成的农药、化肥、生长调节剂、饲料添加剂等物质，而是遵循自然规律和生态学原理，协调种植业和养殖业的平衡，采用一系列可持续发展的农业技术生产的牛肉，称为有机牛肉。

有机（纯天然、生态食品）牛肉是指来源于有机农业生产体系、根据国际有机农业生产要求和相应的标准生产加工，并通过独立的有机食品认证机构认证的，在育肥牛生产过程不得饲用（使用）任何由人工合成的化肥、农药生产的精饲料、粗饲料、青饲料、青贮饲料及添加剂，确为无污染、纯天然、安全营养的牛肉。

二、有机牛肉生产的技术要点

有机牛肉是根据有机畜产品的要求和相应的标准生产、加工、销售，并通过独立的有机认证机构认证的供人类消费的牛肉。有机牛肉生产包括转换期、平行生产、牛的引入、饲料及饲料添加剂、饲养条件等环节。

（一）转换期

饲料生产基地的转换期与有机农场的转换期要求一致，其计算是从申请之日算起，一年生作物的转换期一般不少于 24 个月，多年生作物的转换期一般不少于 36 个月。新开荒的、长期撂荒的、长期按传统农业方式耕种或有充分证据证明多年未使用禁用物质的农田，也应经过至少 12 个月的转换期。牛的牧场草地的转换期可以缩短到 12 个月。如果从未使用过禁用物质，则转换期可以缩短到 6 个月。有机肉牛养殖转换期为 12 个月。牛需经过转换期后，方可作为有机牛出售。

（二）平行生产

平行生产是有机牛肉生产过程中高度重视的一种生产形式，是指在同一养殖场（区域）内，其生产的产品形式包括有机、有机转换或常规产品任意两种或两种以上同时存在，即平行生产。平行生产对有机牛肉生产的风险来自多方面，其中的核心风险就是产品混淆和禁用物质污染。这些污染可能来自投入物、生产工具、水，也可能来自饲料加工使用混淆、养殖混淆以及运输混淆等。所以有机肉牛养殖要求有机牛和非有机牛的圈栏、运动场和牧场完全分开，或者有机牛和非有机牛是易于区分的品种。贮存饲料的仓库或区域应分开并设置明显的标记。有机牛不能接触非有机饲料和禁用物质的储藏区域。

（三）牛的引入

当不能获得有机牛时，允许引入常规牛，但是牛不超过 6 月龄且已断奶。允许引入常规母牛的数量不能超过同种成年有机母牛总量的 10%。引入常规公牛后应立即按照有机方式饲养。所有引入的牛都不能受到转基因生物及其产品的污染，包括涉及基因工程的育种材料、疫苗、兽药、饲料添加剂等。

饲养有机牛的品种可选西门塔尔、夏洛莱、皮埃蒙特等优良品种肉牛与本地牛杂交后代，以增强其对本地环境条件的适应性，也具有较好的生长性能。也可选择本地品种的牛种（如黄牛、牦牛等）生产具有地方特色的有机牛。

（四）饲料及饲料添加剂

对饲料的要求是饲料原料必须来自有机农业生产体系，符合有机农业种植要求。自然生长的牧草也要来自有机管理体系或经认证机构认可。不能使用转基因生物或其产品。必须保证牛每天都能得到满足其基础营养需要的粗饲料。鲜草、青干草或青贮料等粗饲料所占比例不能低于 60%（以干物质计），对于泌乳期前 3 个月的母牛可降至 50%。当有机饲料短缺时，可饲喂常规饲料，但常规饲料消耗量在全年消耗量中所占比例不超过 10%。禁止使用以动物粪便、动物及其制品（如骨粉、动物屠宰下脚料等）、非蛋白氮产品（如尿素）饲喂牛。

对饲料添加剂的要求是可以使用天然的矿物、天然的微量元素、天然来源的维生素（如发芽的粮食、鱼肝油、酿酒用酵母或其他天然物质）以及天然饲料添加剂（如益生素、酶制剂、中草药、寡糖、腐殖酸等）作为有机饲料添加剂。不允许使用人工合成或化学合成物质或用化学溶剂提取（提纯）的物质（如化学合成的复合、单体维生素、微量矿物元素等以及化学合成提取的过瘤胃蛋氨酸等氨基酸等）。

（五）饲养条件

根据牛自然生长规律，充分考虑牛的生理、环境、卫生、行为及心理需求，尽量使牛在接近自然条件下生长，尽可能减少人为干扰，为牛提供适当的运动空间并接触自然界的土地，以利于牛健康成长。

禁止采取拴养等限制牛自然行为的饲养方式。

哺乳期犊牛应由母牛代养，并能吃到足量的初乳，可用同种类的有机牛奶喂养哺乳期犊牛。在无法获得有机奶的情况下，可以使用同种类的非有机牛奶。不应早期断乳或用代乳品喂养犊牛。牛的哺乳期需要 3 个月。

三、有机肉牛饲喂技术

为发展高产、低耗、高效的养牛业，必须改变夏秋散牧、冬春找荒的落后饲养方式，充分挖掘资源潜力，科学规范饲养管理技术，积极推进“杂牛——饲草——补料”的节粮高效饲养

新模式。

（一）选喂有机肉牛品种

杂交牛综合了不同品种的优良性状，具有明显的杂种优势，在短时间内可生产大量优质牛肉。若无杂种牛，可选年龄 3~8 岁、体重 250 公斤、膘性中等、健康无病的本地阉牛短期育肥。

（二）饲喂有机肉牛氨化草

用经过氨化技术处理的草喂牛，能提高营养转化率，增强适口性，降低生产成本。氨化草的制作按 100 公斤草、3 公斤尿素和 40 公斤水的比例，在氨化室进行密封处理即可。

（三）氨化好的秸秆

要在天晴时转移到露天场地不断翻动放氨，等无氨味后堆积在室内备用。饲喂氨化草要有 7~10 天过渡期，牛的正常采食量一般占体重的 2%。以吃好不浪费为原则，日喂 3 次。青草季节白天放牧，冬春月份可混喂青贮草。

（四）补喂有机肉牛混合料

混合料参考配方为：玉米 58%，豆粕 27%，麸皮 8%，盐 1%，小苏打 1%，预混料 5%。饲料按体重的 1% 定时喂，每天分 2 次补料。

（五）精喂有机肉牛细管理

在饲喂氨化饲草的过渡期驱虫，可按每公斤体重内服丙硫咪唑 30 毫克，服后还可健胃，育肥阶段，青草季节放牧 1~2 个月，后期要求不少于 1 个月的舍饲育，利用高精料日粮催肥时间为 60~90 天。拌料时要求料先拌湿 1 小时后，再与草拌均匀，另外必须喂饮清洁水，每日 2 次。牛栏要经常除湿垫干，保持干燥清洁。

四、规模化牛场粪污有机处理

近年来，随着牛肉市场需求量增加以及国家精准扶贫政策性引导，肉牛养殖掀起热潮，吉林省玉米种植面积广泛，由此产生的玉米秸秆资源丰富，更为肉牛养殖提供了得天独厚的条件，推动肉牛养殖不仅可以满足市场需求，也可助力养殖户脱贫增收。但肉牛养殖过程中会产生大量粪污，由于养殖户处理粪污方式单一加之环保意识淡薄，所产生的粪污污染对生态环境造成了很大危害。

（一）腐熟堆肥

还田堆肥发酵是在肉牛养殖过程中最常见的粪污处理方式，具有成本低、操作简单易实现的特点。将粪便和垫草、秸秆等有机废物按一定比例堆积起来，创造适宜需氧型微生物大量繁殖的条件。由于肉牛粪便中粗脂肪等有机物含量高，在微生物的作用下发生生物化学反应而自然分解，随着堆内温度升高，杀灭其中的病原菌、蛆蛹、寄生虫等，达到无害化处理的效果，腐熟后的粪污可就近还田，作为农业耕种的传统肥料使用。随着堆肥发酵的研究深入，研究人员通过在堆肥过程中加入生物菌剂可以缩短发酵周期，提高粪肥转化率，提高有益生物在有机肥中的生物效价。但堆肥发酵物对污水处理能力有限，粪便中药物残留问题容易引起二次污染。

（二）燃烧处理

在高原、草原等干旱地区或树木、煤炭资源紧缺的地区，将牛粪晒干作为燃料能源是一种常见的方式。牛粪里大多都是植物纤维，燃点低且燃烧后无异味，燃烧 3t 干牛粪所产生的热量与 1t 标准煤所产生的热量相等，这种方式获取原材料方式简单，成本低，且避免了牛粪对生态环境的污染，但是有地域性限制，直接燃烧效果较差，所以燃烧处理是一种具有地域特色的粪污处理方式。

（三）沼气发酵

沼气发酵又称厌氧发酵，通过在适宜的水分、温度、厌氧条件下，利用微生物将牛粪分解为甲烷等可燃性气体的过程。利用厌氧发酵的同时可以产生沼渣、沼液等。沼气用作生活燃料、照明等，沼液、沼渣可用作农作物肥料，鱼类、蚯蚓养殖饲料等。沼气池是厌氧发酵生产沼气的普遍处理方式，投料前，需要选择有机营养适合的牛粪做启动的发酵原料。因为这些粪便原料颗粒较细，含有较多的低分子化合物，氮素的含量高，其碳、氮比都小于 25：1，都在适宜发酵碳、氮比之内，所以选择以上粪便做发酵原料启动快、产气好。沼气池要保证绝对的厌氧环境，适宜的温度、酸碱度、粪水比例等，所以该种模式需要一定的技术储备。沼气池选址与建造，以及使用过程中涉及填料、取料及沼气安全使用规范均需要相应的知识培训，推广难度较大。北方地区尤其东北地区，冬季气温寒冷会影响发酵和气体输送。

（四）有机肥生产

肉牛粪便是优质的有机肥原料，将牛粪与秸秆、草木灰等按特定比例混合，采用好氧发酵工艺，利用粪便秸秆等有机原料配合高温发酵菌种和自动发酵环保设备，就能生产有机肥。在有机肥生产过程中还可以加入乳酸菌群、酵母菌群等微生物发酵制剂。发酵过程中应将水分控制在 40%~65%。水分少会减慢发酵速度，水分多会影响通气性，还会导致“腐败菌”产生而散发臭味，因此，一定要把握好水分含量。发酵好的牛粪进行粉碎加工处理，添加一定量的营养元素并进行搅拌处理，搅拌后的可进行肥料制粒，烘干、冷却、筛分、包膜等步骤制成商品有机肥，有机肥的生产实现了粪污的有效“资源化”，达到零污染，并可充分处理利用废液。

（五）基质化利用

基质化利用是将牛粪作为其他生产所需要的基质的一种粪污处理方式。一种是将牛粪、沼渣、秸秆作为原料，进行堆肥发酵，发酵过的粪肥可以作为基质土用于果蔬、食用菌栽培。另一种是用于蚯蚓、蝇蛆的养殖。蚯蚓可以分解土壤中的有机废物，提高土壤活力，在污泥中添加合适比例的粪污基质，调整好合理的碳氮比，可以促进蚯蚓的生长，蚯蚓含有 42% 粗蛋白、23% 的粗脂肪，可以用于有机肥和蛋白质饲料，成为骨粉、豆粕的替代品，节约养殖成本。蝇蛆养殖后通过水煮及高温烘干处理，也可作为养殖中的高蛋白饲料。

五、肉牛产业绿色发展模式——以枝江为例

生态环境是关系民生的重大社会问题，习近平总书记强调，“生态文明建设是关系中华民族永续发展的根本大计”。当前中国经济发展进入新常态，环境和资源问题影响范围逐步扩大，而中国农业资源短缺、生产成本攀升，如何在资源环境约束下保障农产品供给和质量安全、提升农业可持续发展能力，是必须应对的重大挑战。与此同时，种植业和养殖业生产的规模化和集约化程度不断提高，畜禽粪便和作物秸秆等农业废弃物的消纳与再利用压力增大，并由此引发较为突出的环境问题。绿色发展是践行“绿水青山就是金山银山”的发展理念、引领乡村振兴的关键，是从源头破解中国资源环境约束瓶颈、提高发展质量的核心，有利于资源节约和环境友好的两型社会建设。绿色农业是贯彻新发展理念、推进农业供给侧结构性改革的必然选择，是加快中国农业现代化、促进农业生产生态转型和可持续发展的重要途径。中国最早于 1986 年提出绿色农业的概念，要求农业生产应遵循自然规律、保护自然生态平衡，避免发生环境及生态问题。

枝江位于湖北省西部、长江中游北岸、江汉平原西缘，地势由西北丘陵岗地逐渐降低至东南部平原，亚热带季风气候，雨量充沛，气候温和，四季分明。近年来，当地以夷陵牛为核心，采取龙头带动、合作社管理、农户参与、金融支持、示范引领的“五位一体”管理模式，大力发展草食畜牧业，推广秸秆、粪肥的资源化利用，打造农牧旅结合的新型农业经营主体，在种养结合、发展循环经济及绿色农业等方面进行了有益探索。案例从龙头企业种养结合、肉牛产业发展模式、三产融合模式等方面，对枝江市肉牛产业链融合发展模式进行简要分析，以期为中国绿色农业发展提供参考。

（一）龙头企业的种养结合模式

枝江市肉牛产业链的龙头企业，也是夷陵牛核心育种场，养殖基地占地 26.7hm^2，建有标准化牛舍 11 栋，常年存栏夷陵牛育种核心群 400 头、优质肉牛 1200 头，年屠宰加工肉牛 1 万头，转化利用农作物秸秆 5000 多 t（风干基础），生产雪花牛肉 200t、优质高档牛肉 1500t。

1. 秸秆利用

一是种植青贮玉米、饲用大麦、饲用油菜等饲料作物 133.3hm^2（含订单基地 100hm^2），全株收获后鲜饲或青贮，作为肉牛的优质青绿饲料。

二是将稻草、麦秸、玉米秸等农作物秸秆收储打捆，粉碎后作为肉牛的粗饲料。

三是采用床场一体化、散放式饲养方式，用谷壳、秸秆等农田废弃物制作垫料，铺设在牛舍内，与牛粪混合发酵。

2. 肉牛的饲养管理

牛舍为大跨度钟楼式，宽饲喂通道，散放式饲养，根据青料、粗料、精料、糟渣等各种饲料原料饲用价值评定结果，充分利用现代技术及原料间的互作效应，针对牛不同生产阶段生理和营养需要设计 TMR 配方，秸秆原料用量占日粮干物质的 50% 以上，提高秸秆的利用效率，降低养殖成本。撒料车机械化饲喂，牛自由采食、自由活动，育肥周期 8~12 个月。部分牛采用特定饲养管理程序及专用饲料配方，生产高档雪花牛肉，提升品牌价值。与传统栓系式养殖相比，散放式饲养的肉牛有较大活动自由及一定的运动量，牛肉的弹性及口感较好，活牛销售价格一般可提高 0.8~1.2 元 / kg，每头平均增收 600 元左右。在牛的垫料中添加发酵菌种，粪尿通过牛的踩踏并结合定期机械翻耙，与秸秆垫料充分混合、即时发酵，通过添加干料、菌种发酵，调整饲养密度，定期清理等措施，降低垫床湿度，发酵菌转化利用含氮、硫等化合物，使舍内无明显异味，养殖场区空气质量良好。

3. 种养结合

腐熟粪肥经检测后补充适当的营养质，提高肥效，最终作为有机肥回到农田，用于牧草和饲料作物种植，完全实现粪污的无遗漏收集、无害化处理和资源化利用。公司通过床场一体化饲养、种养结合、粪污还田（图 7-1），提高了农作物秸秆利用率，减少粪污排放、秸秆露天焚烧及废弃带来的环境污染，也增加了种植、养殖的经济效益和社会效益。

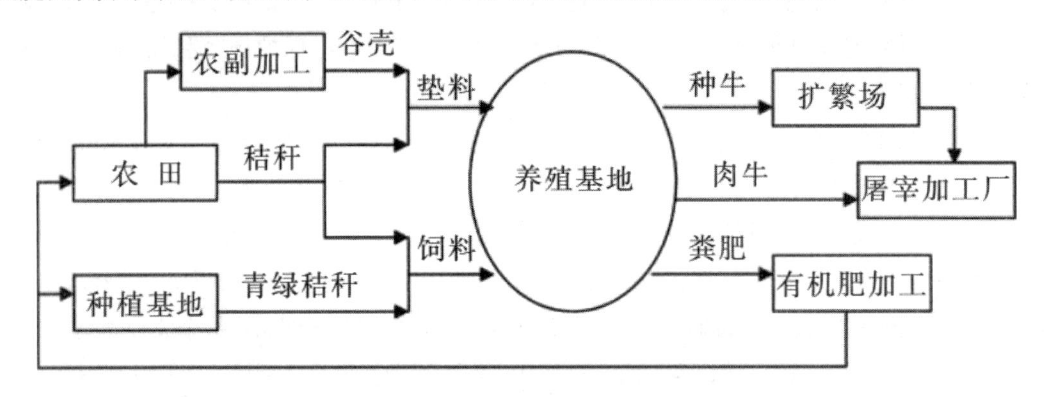

图 7–1　粪污还田发展模式

（二）肉牛产业发展模式

1. 顶层设计

枝江市紧紧抓住国家扶持草牧业发展的政策机遇，强力推进畜牧生产的标准化、规模化、产业化建设，制定并实施《肉牛全产业链发展实施方案》《肉牛产业整村推进示范工作方案》，优化区域布局，强化政策扶持，推广“企业带动、农户参与、协会统筹、金融服务、保险兜底、政府帮助”的多方合作模式，构建饲草供应、良种繁育、标准化生产、产业化经营、科技支撑和疫病防控质量安全六大体系，提升肉牛产业发展能力。

2. “3321”养殖模式

通过培育新型农业经营主体，提升引领产业转型升级的能力，以核心育种场为龙头，以枝江联强农牧专业合作社为主体，采用“龙头企业 + 肉牛合作社 + 示范户”的发展模式，实行统一种源供应、统一技术服务、分散繁育、集中销售，培育“3321”肉牛养殖示范户，即一个养殖户建设标准化牛舍 300m²、年饲养 30 头牛（10 头母牛和 20 头肉牛）、转化利用秸秆 200t、年收入 10 万元。合作社开展养殖技术培训，在种源引进、饲草饲料供应、育肥牛购销、运输应激处置等方面提供服务，技术人员驻村包户，推广人工授精、秸秆加工、饲草人工种植、肉牛标准化育肥、疫病综合防治、粪肥综合利用等实用技术，全面提升养殖技术水平。推进粮改饲，引导规模养殖场（户）流转土地种植青贮玉米、饲料油菜，鼓励养殖业主与农户签订种植

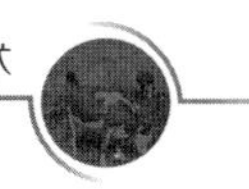

订单，降低养殖成本，增加土地收益。

3. 产业发展

根据枝江市畜牧兽医局统计资料，2018 年全市肉牛存栏 6.1 万头、出栏 3.1 万头，分别比 2011 年提高了 73.8% 和 313.3%，发展仙女镇九龙村等肉牛产业发展整村推进示范村 6 个、示范户 74 户。肉牛产业已成为当地畜牧业发展新的增长点，同时促进秸秆、酒糟等农副产品的转化利用，实现产业升级、企业增效和农民增收。

（三）三产融合模式

企业以肉牛养殖为主导，积极拓展产业链条，提升附加值。公司建有肉牛屠宰及牛肉标准化精细分割车间，打造“一品良牛”“牛味央”“丰联上品”等品牌，开发冷鲜分割、休闲食品等中高端系列产品，其中夷陵牛雪花牛肉达到高端牛肉 A3 级别，通过专营店及京东、利农购、微信商城等网络平台走向全国。打造牛郎山牛业特色小镇及牛郎山乡村旅游度假区，开发自家厨房、自助烧烤、篝火音乐晚会、儿童游乐场、丛林真人 CS 对战、户外拓展等项目，以互联网＋智慧牛业、肉牛生态养殖、牛文化主题餐饮、主题公园为载体的产业、旅游、文化相结合，形成以种、养、加、销、游、网为主的一二三产业有机融合、绿色发展的新模式（图 7-2）。据统计，主题餐厅、牛肉面馆月销售额 110 万元，同时通过外卖平台线上销售，经济效益显著。

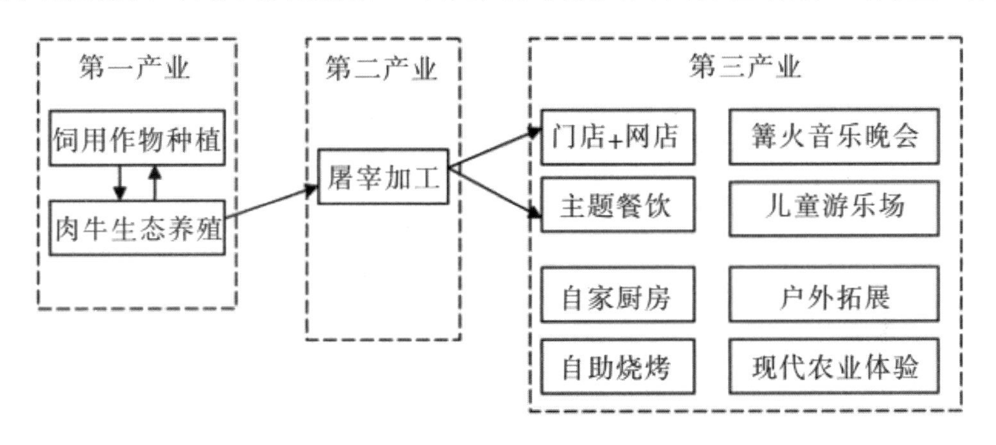

图 7–2　三产融合发展模式

（四）案例启示

1. 用绿色发展理念引导产业发展

枝江市把绿色发展理念放在首位，严格执行项目环境影响评价，坚持肉牛产业发展与环境保护相协调，改变原有的栓系定位饲养，采用床场一体化养殖模式，铺设垫料及发酵菌种，提高了秸秆、谷壳等农副产品利用率；实行雨污分流、干湿分离，干粉发酵后用于饲料的施肥，污水经氧化塘、生物塘等多级处理后进入藕池，通过水生植物进行转化利用。产业链中的副产品甚至污染环境的废料再循环利用中被深度挖掘，符合资源节约型和环境友好型的发展战略。

2. 重视科技的引领与支撑

科学技术是第一生产力，科技进步与创新是农业发展的主要驱动力，农业科技成果转化是实现农业现代化、完成传统农业向现代农业转变的关键因素。枝江市与国家肉牛产业技术体系及科研院校进行产学研战略协作，搭建院士专家工作站、首席科学家工作站等技术创新平台，制定发展战略方针，研发凝练场区规划设计、夷陵牛繁育、牧草种植、秸秆转化利用、床场一体化养殖、疫病预防净化、粪污处理及资源化利用、优质高端牛肉生产、精深加工、肉牛全产业链经营等技术成果，大力开展科技培训与实用技术示范推广，为肉牛产业链的发展提供了强图有力的科技支撑和保障。

3. 农商结合模式的探索

基于中国城乡统筹发展的国策，以及互联网技术的推动，高新技术特别是信息科技向农业领域渗透，农业与工业、服务业呈现融合趋势，农商结合新型商业模式不断创新发展。枝江市以公司为龙头，构建一二三产业融合发展的农商结合模式，充分发挥企业的资本优势及熟悉市场、组织力强、机制灵活等优点，建设休闲观光园区、特色小镇，发展乡村创意农业、休闲农业、特色文化产业和乡村旅游，延长产业链、提升价值链，提升引领产业转型升级的能力，破解农产品销售难、农民增产不增收、收入增长难等问题，推进乡村绿色发展。在该模式中，肉牛养殖处于核心地位，是后续产业发展之根本；屠宰及牛肉精细分割是依托，夷陵雪花牛肉等系列产品走向市场，通过专营店及电商平台进一步扩大知名度，线上线下相互配合、齐头并进；自家厨房、自助烧烤、篝火音乐晚会、户外拓展等则是产业链的延伸，强势打造品牌的影响力，提升附加值。

4. 政策对产业发展的保障与扶持

国家高度重视农业和农村发展，习近平总书记对做好“三农”工作提出了一系列新理念新思想新战略，连续 16 年的中央 1 号文件聚焦“三农”问题，深入推进农业供给侧结构性改革，加快培育农业农村发展新动能，实施乡村振兴战略。枝江市依据国家宏观导向，成立肉牛全产业链发展领导小组，印发《肉牛全产业链发展实施方案》《肉牛产业整村推进示范工作方案》等政策性文件，设立肉牛产业发展资金，主要用于夷陵牛育种、母牛繁育、粮改饲、贷款贴息、品牌创建等方面的扶持，如采用良种冻精配种并生产良种犊牛的给予冻精补贴及以新建标准化牛舍并按标准化养殖要求投入生产的给予适当补贴，参加母牛保险的给予保险费补贴以及夷陵牛新繁犊牛补贴等。

第八章　现代肉牛场常见牛病的防治

第一节　牛常用的疫苗

一、牛瘟兔化活疫苗

（一）疫苗特性

鲜红色、细致均匀的乳液，静置后下部稍有沉淀，但不至于阻塞针孔。冻干苗为暗红色海绵状疏松团块，易与瓶壁脱离，加稀释液迅速溶解成红色均匀混悬液。接种后 14 天产生增强免疫力，免疫保护期 1 年。

（二）使用方法

皮下或肌肉注射。液体苗用前摇匀，不论年龄、体重、性别，一律注射 1 毫升。冻干苗按瓶签标示用生理盐水稀释，不分年龄、体重、性别，一律注射 1 毫升。

（三）注意事项

随配随用，暗处保存且不能超限，15℃以下，24 小时有效；15~20℃，12 小时有效；21~30℃，6 小时有效。临产前 1 个月的孕牛、分娩后尚未康复的母牛，不宜使用；个别地区有易感性强的牛种，应先做小区试验，证明安全有效后方可推广使用。

二、抗牛瘟血清

（一）疫苗特性

黄色或淡棕色澄明液体，久置瓶底微有灰白色沉淀。抗牛瘟血清属于免疫血清，注射后很快就能起保护作用，但只能用于治疗或紧急预防牛瘟。免疫保护期很短，只有 14 天。

（二）使用方法

肌肉或静脉注射。预防量：100 千克以下的牛，每头注射 30~50 毫升；100~200 千克的牛，每头注射 50~80 毫升；200 千克以上的牛，每头注射 80~100 毫升。治疗量加倍。

（三）注意事项

2~15℃阴冷干燥处保存，有效期 4 年。禁止冷冻保存。用注射器吸取血清时，不能把瓶底的沉淀摇起。治疗时，采用静脉注射疗效较好，若皮下注射或肌肉注射剂量大，可分点注射。为防止发生过敏反应，可先少量注射，观察 20~30 分钟无反应后，再大量注射。若发生过敏反应，可皮下或静脉注射 0.1% 肾上腺素 4~8 毫升。

三、口蹄疫疫苗

牛用口蹄疫疫苗有活疫苗和灭活苗两种，即口蹄疫 O 型、A 型活疫苗和牛 O 型口蹄疫灭活疫苗。

（一）口蹄疫 O 型、A 型活疫苗

1. 疫苗特性

暗红色液体，静置后瓶底有部分沉淀，振摇后成均匀混悬液。注苗后 14 天产生免疫力，免疫保护期 4~6 个月。

2. 使用方法

充分振摇后皮下或肌肉注射。12~24 月龄的牛每头注射 1 毫升；24 月龄以上的牛每头注射 2 毫升。经常发生口蹄疫的地区，第一年注射 2 次，以后每年注射 1 次即可。

3. 注意事项

-12℃以下冷冻保存，有效期 1 年；-6℃阴冷干燥处保存，有效期 5 个月；20~22℃阴暗干燥处保存，有效期 7 个月。12 月龄以下的牛不宜注射。防疫人员的衣物、工具、器械、疫苗瓶等，都要进行严格消毒处理。注苗后的牛应控制 14 天，不得随意移动，以便观察，也不得与猪接触。接种后若有多数牛发生严重反应，应严格封锁，加强护理。

（二）牛 O 型口蹄疫灭活疫苗

1. 疫苗特性

略带红色或乳白色的黏滞性液体，用于牛 O 型口蹄疫的预防接种和紧急免疫。免疫保护期 6 个月。

2. 使用方法

肌肉注射，1 岁以下的牛，每头注射 2 毫升；成年牛每头注射 3 毫升。

3. 注意事项

在 4~8℃阴暗条件下保存，有效期 10 个月。防止冻结，严禁高温及日光照射。其他同口蹄疫活疫苗。

四、犊牛副伤寒灭活菌苗

（一）疫苗特性

静置时上部为灰褐色澄明液体，下部为灰白色沉淀物，振摇后成均匀混悬液。用于预防犊牛副伤寒及沙门氏菌病。注射后 14 天产生免疫力，免疫保护期为 6 个月。

（二）使用方法

1 岁以下的小牛肌肉注射 1~2 毫升，1 岁以上的牛注射 2~5 毫升。为增强免疫力，对 1 岁以上的牛，在第一次注射 10 日后，可用相同剂量再注射一次。孕牛产前 1.5~2 个月注射，新生犊牛应在 1~1.5 月龄时再注射一次。已发生副伤寒的牛群，2~10 日龄犊牛可肌肉注射 1~2

毫升。

（三）注意事项

疫苗在 2~15℃冷暗干燥处保存，有效期 1 年。严禁冻结保存，使用前充分摇匀。病弱牛不宜使用。注射局部会形成核桃大硬结肿胀，但不影响健康。

五、牛巴氏杆菌病灭活菌苗

（一）疫苗特性

静置后上层为淡黄色澄明液体，下层为灰白色沉淀，振摇后成均匀乳浊液。主要用于预防牛出血性败血症（牛巴氏杆菌病）。注射后 20 日产生可靠的免疫力，免疫保护期 9 个月。

（二）使用方法

皮下或肌肉注射，体重 100 千克以下的牛，注射 4 毫升，100 千克以上的牛，注射 6 毫升。

（三）注意事项

2~15℃冷暗干燥处保存，有效期 1 年；28℃以下阴暗干燥处保存，有效期 9 个月。用前摇匀，禁止冻结。病弱牛、食欲或体温不正常的牛、怀孕后期的牛，均不宜使用。注射部位有时会出现核桃大硬结，但对健康无影响。

六、牛肺疫活菌苗

（一）疫苗性状

液体苗为黄红色液体，底部有白色沉淀；冻干苗为黄色、海绵状疏松团块，易与瓶壁脱离，加稀释液后迅速溶解成均匀混悬液。用于预防牛肺疫（牛传染性胸膜肺炎）。免疫保护期 1 年。

（二）使用方法

用 20% 氢氧化铝胶生理盐水稀释液，按 1：500 倍稀释，称为氢氧化铝苗；用生理盐水，按 1：100 倍稀释，称为盐水苗。氢氧化铝苗臀部肌肉注射，成年牛 2 毫升，6~12 个月小牛 1 毫升。盐水苗尾端皮下注射，成年牛 1 毫升，6~12 个月小牛 0.5 毫升。

（三）注意事项

0~4℃低温冷藏，有效期 10 天；10℃左右的水井、地窖等冷暗处保存，有效期 7 天。已稀释的疫苗必须当日用完，隔日作废。半岁以下犊牛、临产孕牛、瘦弱或有其他疾病的牛不能使用。

七、布鲁氏菌病活疫苗

（一）疫苗特性

白色或淡黄色、海绵状疏松团块，易与瓶壁脱离，加入稀释剂后，迅速溶解成均匀的混悬液。用于预防牛的布鲁氏菌病，只用于母牛。注射后 1 个月产生免疫力，免疫保护期 6 年。

（二）使用方法

应在6~8月龄（最迟1岁以前）注射1次。必要时，在18~20月龄（即第一次配种期）再注射1次。颈部皮下注射5毫升。使用时，先用消毒后的注射器注入灭菌缓冲生理盐水，轻轻振摇成均匀混悬液，再用注射器将其移置于灭菌瓶中，按照瓶签标明的剂量加入适量生理盐水，稀释至每毫升含活菌120亿~160亿个。

（三）注意事项

在0~8℃冷暗干燥处保存，有效期1年。仅用于1岁以下、布鲁氏菌病血清学或超敏反应阴性牛，1岁半以上的牛（尤其是怀孕牛、泌乳牛）、病弱牛禁止使用。稀释后当日用完，严禁日晒。注射后数日内会出现体温升高、注射部位轻度肿胀，但不久即消失。严格操作程序，搞好个人防护，防止污染水源。

八、牛环形泰勒虫病活疫苗

（一）疫苗特性

在4℃冰箱内保存时，呈半透明、淡红色胶冻状；在40℃温水中溶化后无沉淀、无异物。疫苗有100毫升、50毫升、20毫升瓶装，每毫升含100万个活细胞。用于预防牛环形泰勒虫病。注射后21天产生免疫力，免疫保护期1年。

（二）使用方法

用前在38~40℃温水内溶化5分钟，振摇均匀后注射。不论年龄、性别、体重，一律在臀部肌肉注射1~2毫升。

（三）注意事项

疫苗在4℃冰箱内保存期为2个月，最好在1个月内使用。开瓶后应在当日内用完，过夜作废。注苗后3日内，可能产生轻微体温升高和不适，属于正常反应。

第二节　牛的常见疾病

一、胃肠道疾病

（一）传染性肠胃炎

牛传染性胃肠炎怎么防治？牛传染性肠胃炎属于急性肠道传染性疾病，主要由传染性肠胃炎病毒所致。不同年龄段与不同品种的牛都存在易感性，且犊牛与身体较为瘦弱的牛更容易发病，具有较高死亡率。

1.牛传染性肠胃炎的发病原因

牛属于反刍动物，牛前胃是主要消化脏器，其肠胃消化较为特殊。传染性肠胃炎在牛养殖中属于较为常见的消化性疾病，其发病原因主要包括以下几种。

（1）内源性感染

内源性感染主要包括细菌感染、寄生虫感染以及具有传染性特征的病毒感染，且主要呈多元混感现状。当前，牛养殖模式主要为集约化、规模化养殖。牛的频繁交易、引种等因素均可增加牛传染性肠胃炎的发病风险，并使其呈常年发病、季节性发病不明显的特征。

（2）前胃疾病

前胃疾病主要包括真胃炎、瓣胃阻塞、瘤胃迟缓等，一旦牛患有前胃疾病，若未能及时进行治疗，则会进一步引发牛传染性肠胃炎。

（3）日常管理不当

因牛养殖户在日常管理中不够重视牛传染性肠胃炎的危害，缺乏对该疾病的认知与了解。当牛误食塑料等难以消化的异物时，则会导致牛出现瘤胃积食或消化不良等情况；若牛食用豆科类植物、糟粕类等难以消化的草料时，则会导致牛出现胃肠不适应性反应。同时，若突然将日常食用的饲料转变为适口性较好的其他饲料时，则会增加牛的进食量，继而因过度进食引发胃肠消化机制紊乱；由于牛长期处于阴暗的养殖环境中，缺乏必要的光照环境与运动则会致使其脾胃运化失调，降低牛的胃消化能力，一旦牛食用过量的饲草料，则会导致其消化不良，反刍不良。此外，若牛误食已发生霉变的饲草料或管理不当的霜冻草料时，则会增加牛传染性肠胃炎的发病风险。

2. 牛传染性肠胃炎的预防措施

（1）疫苗接种

根据牛养殖场的实际情况与地方流行病学特征，对牛进行计划性免疫或强制性免疫，提高牛的疾病免疫力；加强对病死犊牛的肠胃病理学检查，并采取无污染的措施对其尸体进行及时处理，避免疾病大面积传染。

（2）保持日粮供给的营养均衡

为增强牛自身的免疫力与体质，需保持日粮供给的营养均衡；需严格执行规模化的全舍饲养模式，保障精粗料配方的精细化与标准化，每日精料添加量需尽量控制在 40% 左右。同时，日粮供给饲料需适应牛的消化特征，可以以纤维性饲料为主，如野草、牧草或秸秆等；把控好每次喂养的时间与喂养量，使牛有充足的休息与反刍消化时间。

（3）强化饲养管理

加强牛养殖的日常管理，避免牛出现前胃疾病或因难以消化异物滞留瘤胃而引发的胀肚与积食。喂养前，需查看饲草料是否发生霉变等现象，避免牛误食发霉饲草料和保管不当的霜冻草，从源头上掐断前胃病发病原因，以免牛出现食源性中毒；多给牛食用粗纤维性饲草料，避免牛出现鼓气、瘤胃积食等情况。同时，完善牛养殖场的生物安全防范体系，保障牛舍、牛栏的清洁；采用 0.1% 百毒杀溶液对牛场、食槽、水槽等相关用具进行彻底杀菌消毒；及时处理牛粪便与污染物，并对其粪便与污染物进行消毒处理；定时对牛场进行通风换气，安装相应的排气风扇等，保持牛场的干燥，为牛提供舒适、干净无菌、空气新鲜的生长环境。

3. 牛传染性肠胃炎的综合治疗

当前，牛传染性肠胃炎治疗的方法主要包括中药治疗、西药治疗两种。在对牛传染性肠胃炎进行治疗时，需根据牛传染性肠胃炎的实际情况选取适宜的治疗方式，进而有效降低牛病死率，保障牛养殖户的经济效益。

（1）西药处方治疗

西药处方可包括以下两种，一是 0.9% 氯化钠注射液 1000 ml 与 10% 安钠咖注射液 10 ml、地塞米松磷酸钠 5 mg、安钠咖注射液 10 ml 以及维生素 C 1000 mg。10% 葡萄糖注射液 500ml 与 5% 葡萄糖注射液 500 ml，分别采用静脉注射治疗，1 次 /d，持续用药两三天。二是给病牛提供充足的饮水，并加入电解多维，可按以下方式进行配置：每 1000 ml 饮水 + 氯化钠 3.5 g+ 磷酸氢钠 2.5 g+ 氯化钾 1.5 g+ 葡萄糖 20.0 g。

（2）中药处方治疗

牛传染性肠胃炎在中兽医中属于“肠黄”范畴，可根据中兽医辩证法对患有传染性肠胃炎的牛实施治疗。当牛患有传染性肠胃炎时，可降低其反刍消化功能；当消化气机不畅、消化不良时，则表现为肚腹胀满；当脾胃运化受阻时，则表现为腹泻或排便不畅等。故在治疗牛传染性肠胃炎时，需以利尿排毒、开胃健脾、消食化积为主。根据其发病情况，可采用以下 3 种中药处方进行治疗。

若病牛身体较为壮实，口色红，摄食量明显减退且伴有反刍现象；粪便少、质稀溏，伴有 1/2 红色血液，粪便夹杂有气泡，且尿色黄、尿量少时，则表明病牛为肠风下血，需采用凉血止血、清热解毒的处方治疗。

例如，加味槐花散，主要中药成分为炒槐花 9.0g、侧柏 90.0g、地榆（炒）60.0g、荆芥炭 50.0g、炒枳壳 40.0g、赤芍 50.0g、黄柏 40.0g、炒蒲黄 40.0g、苦参 40.0g、当归 70.0g、甘草 25.0g 以及栀子 30.0 g。加入适量水，用水煎 2 次，混合后给病牛服用，1 剂 /d，连续服用 3~5d。若牛血便持续时间过长，则可去掉炒地榆与炒蒲黄，并加白术 50.0g、生地 60.0g 以及西洋参 60.0g。

若病牛难以摄食，反刍停止，有腹痛、龟裂现象；其粪便干燥，且附有白色瘀膜、血液，气味为腥臭味；尿色黄、量少；口色红，脉象为洪数时，则表明病牛为湿热型。需采用燥湿止泻与清热解毒的处方进行治疗。例如，白头翁汤加减：黄连 30.0g、白头翁 60.0g、秦皮 50.0g、诃子 60.0g、泽泻 60.0g、甘草 40.0g 以及黄柏 60.0g。加入适量水，用水煎 2 次，混合后给病牛服用，1 剂 /d，连续服用 3~5 d。此外，也可采用郁金散加减治疗：栀子 40.0g、郁金 40.0g、诃子 40.0g、黄连 20.0g、黄芩 40.0g、大黄 30.0 g 和黄柏 30.0g，服用方式与上述处方一致。

若病牛精神不振、粪便过稀，无明显臭味、耳鼻畏冷，肠鸣音如雷且口水清涎，口色相对青白、鼻镜有汗却不成珠时，则表明病牛为寒湿型，需采用渗湿利水、健脾和胃与温中散寒的处方治疗，即陈皮 80.0 g、茯苓 80.0g、川厚朴 50.0g、猪苓 80.0g、泽泻 60.0g、苍术 80.0g、白术 80.0g 以及甘草 40.0g。加入适量水，并用水煎 2 次，混合后给病牛服用，1 剂 /d，连续服用 3~5 d。同时，也可采用以下处方治疗：泽泻 40.0 g、苍术 40.0 g、陈皮 35.0g、桂枝 35.0g、川厚朴 35.0g、茯苓 30.0g、生姜 40.0g、猪苓 30.0g、大枣 20.0g、白术 45.0g 以及甘草 20.0g。若病牛寒盛则加肉桂与附子各 20.0 g，服用方式同上。

（二）前胃弛缓

牛前胃弛缓症状主要是病牛食欲减退，前胃蠕动减弱，反刍和嗳气减少或丧失等。本病在舍饲牛群更为常见。

1. 急性牛前胃弛缓的临床特征

食欲减退或消失，反刍弛缓或停止，无明显全身症状。瘤胃收缩减弱，蠕动次数减少或正常，瓣胃蠕动声音低沉。便秘，粪便干硬、深褐色，或下痢。瘤胃内容物充满、黏硬，或呈粥状。

伴发前胃炎或酸中毒症，病情急剧恶化，呻吟，磨齿，食欲、反刍废绝，排出大量棕褐色恶臭糊状便；精神高度沉郁，皮温不整，体温下降；鼻镜干燥，眼球下陷，黏膜发绀，发生脱水现象。

2. 慢性牛前胃弛缓的症状表现

多数病例食欲不定，有时正常，有时减退或消失。常常虚嚼、磨牙，发生异嗜，舔砖吃土，或摄食被尿粪污染的褥草、污物。反刍不规则、无力或停止。嗳气减少，嗳气带臭味。病情时好时坏，日渐消瘦，皮肤干燥、弹力减退，被毛逆立、干枯无光泽，体质衰弱。瘤胃蠕动音减弱或消失，内容物停滞、稀软或黏硬。便秘，粪便干硬，呈青褐色，附着黏液；下痢，或下痢与便秘互相交替，排出糊状粪便，散发腥臭味；潜血反应往往呈阳性。

病的后期，伴发瓣胃阻塞，精神沉郁，鼻镜皲裂，不愿移动，或卧地不起，食欲、反刍停止，瓣胃蠕动音消失，继发瘤胃鼓胀，脉搏快速，呼吸困难。眼球下陷，结膜发绀，全身衰竭、病情危重。

3. 牛前胃弛缓的预防

注意饲料选择、保管和调理，防止霉败变质，改进饲养方法，避免应激因素刺激。注意牛舍清洁卫生和通风保暖。

4. 瘤胃内容物检查

瘤胃液 pH 酸碱度正常为 5.5~7.5，前胃弛缓时 pH 酸碱度下降至 5.5 或更低，也有少数病例 pH 酸碱度升至 8.0 或更高。随着瘤胃液 pH 酸碱度的消长变化，直接影响到其中纤毛虫的存活率和菌群共生关系。正常的瘤胃内容物每毫升内纤毛虫平均约 100 万个，在本病发展过程中，纤毛虫存活率显著降低，甚至消失。瘤胃内微生物活性亦随之下降。

（三）瘤胃积食

瘤胃积食又名瘤胃阻塞、急性瘤胃扩张，是反刍动物贪食大量粗纤维饲料或容易膨胀的饲料引起瘤胃扩张，瘤胃容积增大，使内容物停滞和阻塞以及整个前胃机能障碍形成脱水和毒血症的一种严重疾病。近年来，随着散养牛的数目不断增加，散养户的经济投入不到位，饲养经验不足，饲料质量差，导致牛瘤胃积食的现象时有发生，大多的饲养户因为不知道如何进行预防，所以饲养效率得不到真正的提升。

1. 瘤胃积食的原因

过度地采食粗饲料，是引起牛瘤胃积食的主要原因，比方说在牛处于饥饿状态，饲养人员一次性投入大量食物，牛因为饥饿不会控制自己的进食数量，暴食、贪食的现象屡见不鲜，而这也是急性病例的重要原因，还有一个原因，那就是进食大量富含粗纤维的饲料，例如：秋季进食过多的枯老的甘薯藤、黄豆秸、花生秸等植物，缺少饮水或进食质量低劣的粗饲料，缺少精料或优质干草。有的母牛还伴有异食现象，例如进食污秽物、木材、塑料制品、垫草、牛场上的煤渣、泥土及产后吞食胎衣都能造成瘤胃阻塞或不全阻塞。瘤胃阻塞后，当然就会影响牛的进食和消化，从而影响牛的生长情况。

2.瘤胃积食的症状

大部分牛瘤胃积食的症状与单纯的消化不良症状相似，牛瘤胃积食经常表现为初期有轻度腹痛症状，牛会出现烦躁不安的表现，用后肢踢腹，反复蹲下起来，而过几小时后就会消失，饲养人员不容易发现，而严重时就会呻吟，起卧不安，心跳加快，排出少量的干黑粪便。在出现瘤胃积食之后，牛的腹围明显增大，与全身的成长不成比例，且都是两侧腹部增大，瘤胃触诊坚实，甚至不易压下，瘤胃内的食物由大量气体盖着，排粪慢慢减少逐渐到停止，此时，如果不投服大量泻盐，就有可能转为肠炎，不会发生腹泻。如果时间拖长，就会转为中毒性瘤胃炎和肠炎，中毒性瘤胃炎的特征是瘤胃内容物呈稠的糊状、恶臭，弱酸性反应。拉牛舌或向牛口中插入胃管时，可诱使这样的内容物向口腔反流。进行直肠检查时，可以感到瘤胃腹囊后移到盆腔入口前缘，背囊向上右方靠，用手指压迫该部位，坚实如沙袋，病牛会表现出退让的姿势或者发出哼声，病牛呼吸的频率加快，而呼吸深度略浅，心率加快，体温正常，但精神沉郁，表现得没有精神，有一定的脱水现象。

3.瘤胃积食的诊断

医生根据牛瘤胃积食的病史和症状，诊断不困难，发生瘤胃积食时，瘤胃内容物会非常硬实，牛的反刍现象减少或停止，粪便中还有未消化的食物。在进食过量的粗食物之后，左下腹部有膨大的现象，排便变得困难、迟缓，粪便干燥且颜色变黑。在触诊病牛时，牛会有抗拒的表现，轻叩瘤胃部，会有浑浊音，同时要注意和前胃弛缓相区分，瘤胃积食是病的直接原因，而前胃弛缓是积食没有得到及时消除而后发生的，前胃弛缓时，食欲反刍减退，瘤胃内容物呈现粥状，不停地嗳气并呈现间歇性瘤胃鼓气，两者会同时存在，这在病史中必须考虑并加以区别。

4.瘤胃积食的防治方法

饲养人员应加强日常饲养管理，防止牛暴食、过食，避免突然更换饲料，粗饲料要适当加工软化后再喂食。治疗原则上应及时清除瘤胃内容物，恢复瘤胃蠕动，抑制内容物发酵，解除酸中毒。

（1）中药治疗法

中医称瘤胃积食为宿草不转、胃食滞，按照中医治疗理论，应以健脾开胃，消食助气，促进排便为主。可以用大黄 70 克、芒硝 100 克、枳实 60 克、厚朴 90 克、槟榔 30 克、麦芽 60 克、山楂 60 克、神曲 80 克、滑石粉 250 克、丁香 40 克，研末，再加入清油 1000 毫升，灌入牛胃，每天一次，连续服用三天即可好转。

（2）西医治疗法

西医治疗方法可以分为手术治疗和药物治疗两种。

手术治疗是对急性和重症瘤胃病牛的治疗方法，特别是牛大量进食、药物治疗无效之后，再进行手术治疗。手术取出或用水冲出瘤胃内容物，取内容物要注意不能刺激瘤胃的切口，避免外部感染，瘤胃内容物在取出三分之二时就可以缝合；当用水冲出内容物时，要保护好牛瘤胃不受感染，同时避免水进入牛体内，进而导致腹腔内的感染。手术之后，为了防止手术切口感染，可以肌肉注射青霉素 400 万单位，每天两次，连续注射三天即可。这种方法非常简单，即使在条件相对较差的农村都能进行。

药物治疗因病情而定，为了排除瘤胃内的积食、促进瘤胃蠕动时，可以用盐类泻药硫酸镁 1000 克、鱼石脂 20 克，加入 2000 毫升水，灌入牛胃中，每天一次，连续服用两天。或者，用硫酸镁 500~800 克，加水 1 000 毫升，液体石蜡油或植物油 1000~1500 毫升，给牛灌服，以达到加速排除瘤胃内容物的效果。如果因牛进食大量豆类食物，有脱水的症状时，可以用碳酸氢钠 1000 毫升静脉注射，或者用硫代硫酸钠 100 毫升、氢化可的松 100 毫升和 1000 毫升的葡萄糖混合，再静脉注射，一天一次，连续三天，均有良好的效果。

（3）洗胃疗法

饲养人员用直径 4~5 厘米、长度 250~300 厘米的胶管或塑料管一条，慢慢插入牛的口部，并导入瘤胃内，然后来回抽动导管，来刺激瘤胃收缩，使瘤胃内的液状物经过导管流出。如果瘤胃内容物不能自动流出来，可以在导管另一端连接一个漏斗，经过漏斗向瘤胃内注入温水 3000~4000 毫升，等到漏斗内的液体全部流入导管内时，再取下漏斗，并且放低舌头和导管，用虹吸法将瘤胃内容物引出体外。如此反复几次，就可以将内容物清出来。

（4）按摩疗法

有经验的兽医或饲养人员在牛的左肋部用手掌按摩瘤胃，每次 5~10 分钟，每隔半小时按摩一次，同时要给牛灌服大量的温水，这种疗法虽然简单，但效果同样很好。

（5）加强预防措施

该病主要是在牛饥饿之后，暴食、过食或者食物饲养不科学导致的结果，在饲养过程中是完全可以避免的。饲养人员要加强饲养管理，饲喂要定时定量，不能突然改变饲喂方式和饲料种类，及时为其补充水分，不能饲喂难以消化的饲料。

二、口蹄疫

口蹄疫是肉牛规模化养殖过程中的常见病之一，极容易导致肉牛大规模死亡。

（一）流行特点

肉牛口蹄疫是由口蹄疫病毒感染引起的肉牛的一种烈性传染病。口蹄疫病毒对酸及碱非常敏感，在自然条件中，可以在牛毛上存活 24d，而在麸皮中可以存活 104d。口蹄疫病毒主要存在于肉牛的咽部、食道以及软腭部，一旦肉牛受感染，将会处于长期带毒以及排毒的状态，成为口蹄疫的传播者。如果圈舍、场地以及水源、草地等被口蹄疫病毒污染，极容易成为重要的疫源地。肉牛的口蹄疫主要发生于寒冷的冬季以及春季，随着肉牛流通领域的不断扩大，口蹄疫的流行已经不再具有明显的季节性。犊牛作为口蹄疫的易感群体，一旦发病会有较高的死亡率。

（二）临床症状

肉牛口蹄疫发病后，其舌头、口腔以及蹄部等多个部位出现水泡。这些水泡在12~36h后会逐渐破溃，一些部位甚至会出现鲜红色的糜烂面。病牛的体温突然升高至40~41℃，食欲不振，精神萎靡，呼吸困难，脉搏加快；病牛出现泡沫状流涎，乳头部位的水泡逐渐破溃。用手挤压乳房，病牛会表现出疼痛感。病牛蹄部的水泡破溃后，会因蹄部疼痛而出现跛行，蹄部边缘逐渐溃裂，甚至出现蹄壳脱落。犊牛患病，极容易因心肌麻痹而死亡；如果是母牛患病，极容易因乳房炎而流产。

（三）病理变化

对病牛进行剖检，可见其喉咙、各脏器以及支气管、胃部黏膜均出现水泡以及溃疡，同时产生棕黑色的血疤。病牛的胃部以及大小肠黏膜有明显的出血以及发炎症状，肺部出现浆液性的炎症，心包中可见大量的秽浊液体，心包膜可见弥漫性的点状出血，心肌出现黄色或者灰白色纹络。

（四）防治措施

目前对于肉牛口蹄疫并没有特效的治疗方法，因而对其的防治主要在于预防。在日常的饲养过程中为牛群提供优质的饲料从而增强其抵抗力；应搞好牛圈内的卫生清理工作，并在日常的饲养过程中加强对牛群的护理；牛群一旦患病应做好消毒以及清洁护理工作，从而帮助病牛抵抗相关疾病。

牛场内严禁同养其他牲畜，从而防止病毒的传播。对于疫病常发地区，必须要定期为牛群注射口蹄疫疫苗。应做好牛舍的卫生清洁工作，保证牛圈以及牛床的洁净卫生，对于牛舍内的粪便要及时进行清理。每周应用0.5%过氧乙酸溶液或1%~2%烧碱水溶液对圈舍、饲槽以及过往车辆进行彻底的消毒。一旦发病，应立即向相关主管部门报告疫情，对疫区采取封锁、隔离、紧急接种以及治疗等措施；紧急情况下，也可以为牛群皮下注射0.5~1.0ml/kg的口蹄疫高免血清或康复动物血清，从而实现被动免疫，其免疫期一般为2周。在最后1头病牛痊愈、死亡或急宰2周后，对封锁疫区进行全面彻底的消毒后才可解除封锁。

如果肉牛所患为良性口蹄疫，可通过对症治疗的方式缩短其病程并且防止继发感染。对于口腔病变，可以采用清水、生理盐水或者高锰酸钾溶液对口腔进行清洗，接着在病变部位涂上碘甘油或1%~2%明矾溶液；也可以在病变部位涂撒冰硼散（15g冰片、150g硼砂、150g芒硝混合后研为细末）。

对于蹄部病变，可以用3%来苏尔或1%硫酸铜对病变部位进行清洗后，涂抹碘甘油、龙胆紫溶液或青霉素软膏。如果蹄部病变较为严重，也可以绑上绷带，每隔2d处理1次。对于乳房病变，可以采用0.1%新洁尔灭溶液、0.1%高锰酸钾溶液或2%~3%硼酸水溶液对病变部位进行清洗后，涂抹青霉素软膏。如果病牛所患为急性口蹄疫，可以在上述措施基础之上为其使用安钠咖等强心剂以及葡萄糖等滋补剂。

三、牛寄生虫病

肉牛养殖过程中，寄生虫病十分常见。根据寄生部位可分为内寄生病和外寄生病。它种类多、分布广、传播途径多。如果感染后不及时治疗，会对肉牛造成极大的危害。

（一）巴贝斯虫病

1. 症状

寄生后约有一周的潜伏期。在疾病开始时，肉牛的体温显著升高。肉牛表现为精神萎靡、食欲减退、反刍缓慢和便秘。随着病情的发展，两三天后，病牛出现呼吸急促和困难，心跳加快，体重逐渐减轻，并伴有黄疸。在疾病后期，病牛身体虚弱，不能正常站立。它们停止进食。

2. 预防和治疗方法

巴贝斯虫病可采用肌肉注射 7~10mg/kg 三氮脒加 7% 溶液，每日 1 次，连续 2~3 天，也可静脉注射黄色素溶液，或者可以用中药。青蒿嫩枝和嫩叶压碎浸泡半小时，然后口服给药，每次 3~5kg，每天两次。

（二）球虫病

1. 症状

球虫病是肉牛常见的寄生虫病。在疾病早期，病牛开始出现轻微腹泻，有时粪便有血丝或与纤维粘膜混合，而更严重的病例可排出血块并散发恶臭。导致血便附在尾巴上，食欲不振，精神抑郁，体重逐渐减轻，出现贫血等症状。如果病情严重，在大约一周内死亡

2. 控制方法

球虫病的控制方法相对简单。它可以通过药物直接治疗和预防。一般来说，球虫净是用来喂食的。具体剂量应根据肉牛的状况和年龄确定，每天一次，连续 2~3 天。

（三）肝片吸虫

1. 症状

肝片吸虫可分为急性和慢性。它主要寄生在肉牛的肝脏上。当疾病是急性的时候，病牛会发高烧。而且，当按压肉牛的肝脏时，肉牛会有明显的疼痛感。在听诊过程中会发现浊音区的面积增加。此外，肉牛必有反应缓慢、腹痛腹泻的症状。当慢性病发病时，食欲开始下降、贫血、体重逐渐减轻、口腔苍白、腹水肿胀等。如果怀孕的奶牛感染该病，将导致泌乳量减少，流产和死产。

2. 防治方法

肝片吸虫可口服 40~50mg/kg 硫双二氯酚，也可在饲料中添加硝基氯酚，或肌注低浓度硝基氯酚。

（四）牛螨病

1. 症状

牛螨病，是肉牛常见的体外寄生虫病。它的感染程度很高。当它发生时，皮肤发炎，毛发

脱落。它经常与疥疮和痒螨混合在一起。感染后，肉牛出现明显的瘙痒，会引起持续的摩擦，严重时会导致皮损处毛发脱落并扩散到全身，还因摩擦造成创伤，易受其他细菌感染。

2. 防治方法

病后及时隔离病牛，及时驱虫。喷洒低浓度杀虫脒溶液和辛硫磷。喷洒后分开喂食，避免相互舔食，防止中毒。

四、呼吸道疾病

牛呼吸道疾病是牛最常见的一类传染病，发病快、传染快，对养牛业的影响比较大。引发肉牛呼吸道疾病的原因很多，病原微生物感染是临床最常见的因素。此外，药物因素、环境因素和管理因素等也都能引发该病。

（一）感冒

肉牛流行性感冒（简称为流感）是一种热性、急性、病毒性传染病，发病急，往往呈地方性流行，尽管发病率较高，但病死率相对较低。该病主要特征是高热、流鼻涕、肌束震颤、跛行。该病全年任何季节都能够发生，尤其是早晚温差大的早春及深秋季节更容易发生。该病的传染性非常强，只要发生就会快速扩散至全群，严重危害牛的健康。如果没有及时进行救治，容易继发感染其他传染性疾病，造成更大的危害。

1. 流行病学

（1）病原特点

流行性感冒病毒是引起肉牛流行性感冒的病原，其是正粘病毒科、流感病毒属成员。病毒脱离牛体后抵抗力急剧减弱，对热敏感，在 50℃条件下处理 10min 就会被杀死，在沸水中立即死亡，在阳光下直射几小时就会失活，大部分消毒剂和常规消毒方法都可以将其杀灭。

（2）传播途径

该病的主要传染源是病牛和处于潜伏期的隐性感染牛，在感染期和发病期内可持续向外排毒，并以较快速度传播，主要是通过呼吸道传播。病牛感染后主要症状是打喷嚏、咳嗽，此时就会排出病毒，并以气溶胶的形式传播，还可附着于尘埃颗粒上在空气中悬浮，被健康牛吸入后就会发生感染。另外，直接或者间接接触病牛、昆虫间接叮咬也能够传播该病。

（3）发病特点

该病的流行呈现一定的季节性，一般在冬春和夏秋季节交替、气温突然变化时容易发生。一般来说，高产奶牛的发病率较高，黄牛的发病率也要高于其他牛种。该病的流行还呈现一定的周期性，一般每 3~5 年就会出现一次较大范围流行。

另外，规模化养牛场的流行情况要比散养户严重，这主要是由于牛群采取集中饲养，而管理规范的牛场较少发病。

2. 临床症状

该病往往突然发生，并快速扩散至全群，发病率可高达 100%。病牛主要症状是体温升高，通常可快速升高至 40~42℃，呼吸急促，达到 80~140 次 / min，并逐渐出现呼吸困难。此时会伸直头颈、张口伸舌，有时会发出明显的鼻鼾声，呈明显的腹式呼吸，并伴有咳嗽，眼、鼻存

在黏液分泌物，眼睛半睁半闭，畏光流泪，眼结膜发生充血，并出现轻微肿胀，有时全身颤抖，食欲废绝，停止反刍，饮水减少，口色赤紫，往往发出痛苦呻吟，妊娠母牛还可发生流产，病程一般可持续 2~7 天。

3. 防控措施

（1）西药疗法

治疗原则主要是解热、镇痛，并避免出现继发症，及时缓解症状，缩短疗程，使其尽快康复。取 500 万 ~800 万 IU 青霉素、3~5g 链霉素、20~30mL 复方氨基比林注射液，混合均匀后给病牛肌肉注射，每天 2 次，1 个疗程连续使用 2 天，治疗效果良好。取浓度为 10% 的复方氨基比林注射液，病牛每次肌肉注射 30mL，每天 2 次，1 个疗程连续使用 3 天，治疗效果良好。取 10~30mL20% 安钠咖注射液、1000~2000mL10% 葡萄糖注射液、200~500mg 维生素 B1、2~4g 维生素 C，混合均匀后给病牛静脉注射，每天 2 次，1 个疗程连续使用 2~3 天，治疗效果良好。取 1500mL 生理盐水、1500mL25% 葡萄糖注射液、30mL30% 的安乃近、40mL 安钠咖，混合均匀后给病牛静脉注射，每天 1 次，1 个疗程连续使用 3 天，治疗效果良好。

（2）中药治疗

内热型。

取 80g 苍术，连翘、黄柏、天花粉、栀子、薄荷、桔梗、知母、金银花各 50g，60g 柴胡，20g 甘草，100~200g 石膏，以上药物都放入罐里，添加适量水煎煮，待药液温度适宜后给病牛灌服，每天 1 剂，连续服用 3 天。

风寒型。

方 1：取泽泻、川芎各 40g，柴胡、前胡、金银花、黄芩、连翘、羌活、独活、荆芥、桔梗各 50g，当归、枳壳、甘草各 30g，25g 陈皮，45g 苍术，500g 生姜，以上药物都放入罐内，添加适量水煎煮 3 次，药液混合后给病牛灌服，每天 1 剂，连续使用 3 天。

方 2：取 75g 葛根，桂枝、苏叶、生姜各 40g，麻黄、杏仁各 50g，25g 甘草，以上药物都放入罐内，添加适量水煎煮，待药液温度适宜后给病牛灌服，每天 1 次，连续使用 3 天。

方 3：取 200g 生姜、50g 大葱、7 根大白菜根子，以上都放入罐内，添加适量水煎煮，给病牛饮用。注意服后不可吹风。

咳喘型。

取柴胡、寸冬、桔梗、陈皮各 40g，桑白皮、川贝、葶苈子各 60g，板蓝根、紫菀各 50g，55g 苍术，32g 炒杏仁，30g 枳壳，33g 牛蒡子，45g 百合，500g 蜂蜜，以上药物都放入罐内，添加适量水煎煮给病牛灌服，每天 1 剂，连续使用 3 天。

混合型。

方 1：取柴胡、黄芩、薄荷、防风、桔梗、知母、羌活各 60g，80g 苍术，厚朴、陈皮、枳实、山楂各 45g，川芎、寸冬、天花粉、牛膝各 50g，30g 桂枝，500g 生姜，20g 甘草，以上药物都放入罐内，添加适量水煎煮给病牛灌服，每天 1 剂，连续使用 3 天。

方 2：取 100g 蒲公英、75g 野菊花、200g 忍冬藤、25g 射干，以上药物都放入罐内，添加适量水煎煮给病牛灌服，每天 1 次，连续使用 3 天。

方3：取葫芦根、桑叶各500g，甘草、薄荷各50g，以上药物都放入罐内，添加适量水煎煮给病牛灌服，每天1剂，连续使用3天。

（3）加强饲养管理

预防肉牛流行性感冒主要是着手于日常管理和生活环境，通过大量实践，当前主要在下述三个方面采取预防措施。

圈舍保持干净卫生、通风良好，牛舍内的粪便尽快清除，经常更换垫料，定期进行消毒。

肉牛在日常饲喂时，既要采取按时定量，还要保证日粮营养均衡。饲料中可适当添加一些有益菌，有利于增强机体免疫力。如果肉牛出现发热、食欲减退，说明瘤胃酸度有所升高，此时可尽快在饲料中添加一些碳酸氢钠，有利于中和瘤胃的酸度。

牛群定期进行健康检查，如果发现有牛表现出病症，要尽快采取隔离饲养，饲喂一些容易消化的草料，供给温水，并及时采取有效治疗，以控制疫情。

（二）肺炎

肉牛在养殖过程中，经常会出现肺部疾病，解剖病理性检查都不具有特异性的病症，无法确定其传染源和患病的原因，进行病毒检查时候，经常会检测出支原体感染。支原体感染被认为是肉牛肺部疾病的主要原因。

1.病源调查

引起肺炎疾病主要是细菌和病毒感染。细菌主要是支原体和衣原体混合感染，支原体、衣原体主要存在于动物生存的环境中、采食的饲草饲料中、病畜的体液分泌物中，同时空气的气溶胶中也会有细菌的存在，所以细菌感染途径较多。病毒主要是肺炎的冠状病毒等。这些病毒主要是由外部的人员和病畜带入场内，通过接触和空气传播引发感染。

2.临床症状

引进肺部感染的病原不同，症状有所不同，如果是细菌性感染，肉牛常会出现高烧症状，一般体温会达到41℃以上，随着病程的发展，有些肉牛会出现流涎的症状，部分肉牛出现气喘，焦躁不安，采食量下降的情况。病牛晚期会眼窝深陷，精神不佳，趴窝不起。如果是病毒引起的，病程一般较短，病牛先体温升高到41℃，精神萎靡，病牛会出现咳嗽、腹泻、经常翘尾巴的情况，在病程3d左右，肉牛就会出现厌食，站立不稳的情况，直到脱水猝死。

3.诊断方法

一般不管细菌还是病毒感染，都应先进行体温和症状的初步筛查判断，主要是对典型症状的发烧、咳嗽、厌食等症状进行筛查。如果出现规模性的爆发，临近的牛也出现症状，说明是病毒性肺炎，要及时隔离治疗。细菌病毒病原筛查，可以采病牛的血液和分泌物进行病原培养，如果白细胞增多，血红细胞降低，一般是病毒引起，如果仅是白细胞增多，一般是细菌感染。细菌病毒培养中，一般可见支原体病原和病毒菌株。如果两种病菌都有一般是混合型感染。

4.治疗方案

治疗主要是消炎、退烧、抗病毒为主，对于细菌感染的可以用青霉素、头孢、克林霉素等

药物进行抗菌治疗，应用黄芪多糖进行消炎。对于病毒引起的情况要使用中药进行抗病毒治疗，同时使用磷酸铵进行消炎治疗。两种病发生后都应使用能量合剂进行免疫提高治疗效果。主要提供清洁饮水，保证通风。

5. 防控技术

（1）病原控制

引起肉牛肺部疾病的主要病原为肉牛生存环境，而引起环境产生病原的原因很多。首先是病毒生存环境的产生，一般病毒会在潮湿阴暗的环境中产生，所以养殖圈舍应该经常通风，阳光照耀，保持室内干燥。对于病原滋生的载体——粪便要及时清理，在下雨天如果舍内潮湿要配干燥剂降低潮湿度，防止病毒以气溶胶的形式存活在环境中。

（2）人员管理

场内的工作人员包括饲养人员、兽医人员、配种人员要长期驻场不得随意离开饲养场所，如果外出要隔离 15d 后方可进场。对于外来的运输车辆要做好消毒工作。外来人员严禁进入生产区域。

（3）消毒管理

消毒前要对厂区内的病原微生物进行分离鉴定，对于病原微生物进行消毒药物的药敏试验，选择效果好的药物进行消毒。同时根据当地的病毒流行性调查情况，制定消毒方案。一般要严格定时消毒，一般厂区内一周进行一次全面消毒，每天的进出工作人员都要消毒。

（4）防疫措施

针对厂区内经常发病的病原选择免疫疫苗进行接种，同时根据地方流行病学的要求制定免疫方案。免疫时要做好免疫应答检测，及时为免疫的牛只进行重新接种。

肉牛肺炎的发生长期伴随肉牛生产，做到完全防疫是不可能的，所以作为生产单位，要根据实际情况，做好病原控制，抓好免疫防控，加强饲养管理，提高牛体的免疫能力。

五、肉牛细菌性疾病

相对于其他类疾病来说，肉牛细菌性疾病比病毒性疾病的种类要多，大多数经呼吸道、消化道感染，用药物可防可控，但细菌疫苗种类相对较少，免疫效果有限，这就需要养殖企业、养殖户一定要从平常的管理中树立“养防结合、防重于治疗”的养殖理念，做好管理，做好免疫接种，遏制细菌性疾病的发生与流行。为此，掌握生产实践中肉牛常见的细菌性疾病的病原、流行病学、临床症状、治疗方法等就具有重要作用。

（一）结核病

牛结核病是由牛型结核分枝杆菌引起的一种人兽共患的慢性传染病，我国将其列为二类动物疫病。以组织器官的结核结节性肉芽肿和干酪样、钙化的坏死病灶为特征。OIE 将其列为 B 类疫病。由于该病发生在畜群中，难以根除，并且在临床中难以检测。该病在家畜中流行较为严重。病牛和牛舍均为该病的传染源。病牛可以通过唾液、鼻液、痰、粪便、尿液、精液、牛奶和阴道分泌物污染周围环境而传播疾病。此外，该疾病的传播还有呼吸道感染，消化道感染和交配过程引起的感染，呼吸道感染是最主要的方式。因此，必须进行严格的动物健康检查，对动物制品的质量、检疫工作必须更加注意。

1. 临床症状

该病的潜伏期通常为3~6周，有些甚至达数月或数年。在临床表现中通常为慢性，结核病常见表现为肺结核、乳腺结核和肠结核。

（1）肺结核

表现为长期顽固性干咳，在清晨有最明显的表现。患病动物会容易疲劳，并逐渐消瘦，严重的会对动物造成呼吸困难。

（2）乳腺结核

乳腺淋巴结会出现肿胀，其次是乳腺局部的区域会有弥漫性硬结，但是硬结无热无痛、表面不均匀，乳汁变薄，泌乳减少。

（3）肠结核

持续腹泻和交替便秘，粪便常见血脓或脓，牲畜消瘦。严重的家畜表现为营养不良、贫血、咳嗽，有时会有表面淋巴结。

2. 病理变化

肺和肺门淋巴结是最易发生结核的部位，其次是头颈淋巴、肠系膜淋巴。在肺、乳腺和胃肠黏膜中形成特定的白色或黄白色结节，不同大小的结节，会出现病例样的坏死或钙化，组织坏死时，会溶解和软化，溶解会形成一个空洞。

在组织学中经常发生渗出性和增殖性变化的渐进性发展。渗出性变化易发生干酪样坏死，增殖性变化的特征为容易形成结节。但通常上述两种变化相互混合，显示出复杂多样的病变。

3. 诊断要点

皮内、眼部和皮下方法为牛结核病的主要检测方法，最常用的是皮内方法，这种方法对牛结核的检出率可以达到95%~98%，当牛有一些症状疑似结核病时，可以通过结核菌素变态反应进行诊断。

4. 控制措施

预防和控制牛结核病应采取全面的预防和控制措施，才能达到防止感染疾病、净化牛群污染的目的。

（1）牛群普查

对整个牛群进行结核病筛查。新引进的牛要隔离观察一个月以上，观察结束后再次进行检疫，只有再检疫仍然为阴性，这样的牛才能合群。

（2）对被污染的牛进行净化

认真全面地对污染牛进行必要的检疫，通常要超过4次。对于检疫阳性牛和可疑牛，立即采取措施隔离，尽量避免对健康的畜群产生污染。建立阳性牛群和可疑牛群隔离区。可疑牛间隔1个月进行检疫，直到检疫结果超过3次为阴性即被视为健康牛。正常牛通常不需要治疗，只要进行必要的剔除和无害治疗即可。一旦发现可疑牛，就必须进行监测和隔离喂养，而且还要进行全面检疫，以避免进一步扩大污染。

注重健康小牛的养殖，科学合理地培育更健康的小牛，以便增加健康牛群的数量。

要严格执行兽医流行病预防系统。牛舍、运动场每月消毒一次，每 10 d 消毒一次饲养用具。并且每个季度进行一次全场消毒，并在养殖场，牛舍门等处设置消毒池。通常消毒剂为 20% 的石灰水或 20% 的漂白粉。如检测出阳性牛，必须增加临时消毒，对粪便进行积累发酵。进出车辆和人员要更加严格地进行消毒。

（二）巴氏杆菌病

又称牛出血性败血症，是由多杀性巴氏杆菌引起的急性传染病。

1. 临床症状

病牛体温升高、脉搏加快、呼吸困难、肌肉震颤、结膜潮红、鼻镜干燥、食欲减退或废绝、反刍停止等。

2. 防治

首先，加强肉牛的饲养管理，避免受热、拥挤。

其次，做好肉牛舍的消毒。

第三，每年夏季，给肉牛注射巴氏杆菌疫苗。

第四，轻症牛，治疗可用青霉素钠、氧氟沙星、氟苯尼考等肌肉注射。重症牛，可用头孢噻呋钠、磺胺噻唑钠等静脉注射。

（三）布氏杆菌病

布氏杆菌病（布病）是一种严重危害人民身体健康和养牛业发展的人畜共患传染病，其临床症状复杂多样，由于很难在牛群中根除，目前以免疫预防为主。

1. 临床症状

牛布氏杆菌病通常呈阴性结果，只有流产是常见症状。牛感染布氏杆菌后，须经过一段潜伏期才发生流产，潜伏期的长短，视病菌的毒力、感染剂量及感染时母牛的妊娠时间而定。如果在妊娠期受到大量病菌的侵袭，经过 1 个月左右就会发生流产。如果感染的菌量较少，则往往经过 3~4 个月才发生流产。在自然条件下，流产通常发生于怀孕的后期，即怀孕的第 5 至 7 个月，但也有在怀孕的第 3 至 4 个月流产的，如果感染较晚，也可以在怀孕第 8 至 9 个月流产。流产的胎儿有死胎，也有弱胎，有些产下后 1~2 天才死亡。在怀孕第 8 至 9 个月流产的胎儿，有的虽然能存活，但发育不良。流产前阴道和乳房等处的变化与正常产犊前的变化相似。病牛体温一般不升高。流产后，胎盘常常滞留不下，并由于胎盘滞留而发生子宫及其附近器官的急性和慢性炎症。有少数发生滑液囊炎、水囊瘤和脓肿。水囊瘤和滑液囊炎多发生于前肢关节，脓肿多发生于后肢关节。乳房虽然经常受到侵害，但很少出现明显的症状。母牛发生流产后，往往由于继发慢性子宫炎及卵巢囊肿而长期不受孕，但也有不少受孕的，有一部分受孕的母牛仍发生第二次流产，以后牛群的流产数目逐渐减少和停止。

患病公牛常发生睾丸炎和附睾炎，使睾丸肿大。感染布氏杆菌病的犊牛通常不表现症状。

牛巴氏杆菌病的病程与饲养管理条件有密切的关系，如果饲养良好，护理妥善，经过 1 年之后，约有 50% 的病牛自愈。经过 2~3 年，有 80%~90% 自愈。病牛自愈的具体表现是，凝集反应和补体结合反应消失，乳汁和阴道分泌物不再排菌，与健康牛同厩饲养不会使健康牛得病。但也有少数病牛长期不愈的。如果饲养管理差，病程可延数年，复发和再感染的病例经常出现，使本病在牛群中长期流行。

牛布氏杆菌的感染率经常受饲养管理条件的影响，在舍饲条件下若不注意兽医卫生措施，则感染率较高，凝集反应阳性牛可占全部成年母牛 80% 以上。但多数管理较好的牛场，凝集反应阳性率一般不超过 30%，在牧区放牧的条件下，病牛群的凝集反应阳性率 10%~30%。病牛群的流产率常受多种因素的影响。在布氏杆菌病已经流行几年的牛群中，流产率较低。有一个牛群虽然阳性牛占 80% 以上。但在发生本病后的第四年，流产母牛仅占全部母牛的 24%，在牧区放牧饲养的条件下，病牛群的流产率一般也较低。

2. 病理变化

牛布氏杆菌的病理变化主要是子宫内部的变化。在子宫绒毛膜的间隙中有污灰色或黄色无气味的胶样渗出物，其中含有细胞、细胞碎屑和布氏杆菌。绒毛膜的绒毛有坏死病灶，表面覆以黄色坏死物，胎膜由于水肿而肥厚，表面覆以纤维素和脓液。镜检见胎膜上皮发生炎性水肿、充血和出血。胎盘的绒毛则有两种性质的变化，一种是上皮呈营养不良性变化，肿胀或崩解，另一种是部分坏死组织，因机化而为肉芽组织所代替，使胎儿胎盘与母体胎盘紧密地粘连起来。

流产之后常继发子宫炎，是由于胎盘滞留不下，化脓性细菌趁机侵入而引起的。如果子宫炎持续 5 个月以上，将出现特殊的病变，这时子宫略增大，组织的质地也较硬，子宫内常积有草黄色液体。子宫内膜因充血、水肿而肥厚，呈污红色，其中还可见弥漫性的红色斑纹。肥厚的黏膜构成了波纹状皱褶，有时还可见局灶性的坏死和溃疡，子宫腺肿大，镜检见黏膜有弥漫性或局限性淋巴细胞与浆细胞浸润，子宫腺的上皮细胞呈渐进性坏死或脱落，在子宫肌层和浆膜下层中也有淋巴细胞浸润。

3. 防治措施

目前对于布氏杆菌病还没有特殊疗法，临床上以免疫预防为主。

愈后免疫：患布氏杆菌病的牛发生第一次流产之后很少出现第二次流产。牧场中经常看到牛群发生大批布氏杆菌性流产之后，如不重新编群或不放入新牛，疫病就会渐趋停息，再次发病的牛极少，说明牛患布氏杆菌病后，对再次感染有一定的抵抗力。

人工免疫：人工免疫是成功的，用活疫苗和灭活疫苗进行免疫都有一定的效力。在预防牛布氏杆菌病措施中，已经广泛应用菌苗做预防接种。效果好的是活疫苗，其中用牛种布氏杆菌 19 号苗，这种菌苗有较好的免疫原性。在牛群中使用 19 号菌苗，效果也让人满意。有人曾在一个大型牛场中，用 19 号菌苗给牛进行预防注射后，感染率迅速较低，犊牛注射菌苗后在 3~5 个月内凝集反应变为阴性。结合简易检疫隔离措施，也可得到满意的结果。

（四）葡萄球菌病

葡萄球菌病是由葡萄球菌感染而引起的各种疫病的总称。在葡萄球菌中，金黄色葡萄球菌为侵害牛只常见菌种，以引起乳房炎为临床表现，可见化脓性炎症，由此引起败血症而导致患病牛死亡。这些年来，葡萄球菌侵染牛只的现象异常明显，各大病例有徒增趋势。同时，随着

耐药菌株的增多，由此带来的重要器官病变变化也日趋明显，常常会由此危害患病牛只及人体的生命安全。所以，这些年来，葡萄球菌备受世人关注。葡萄球菌为革兰氏阳性菌，常呈葡萄串状排列。对外界环境的抵抗力较强。在尘埃、干燥的脓血中能存活几个月。对青霉素、红霉素、庆大霉素等敏感，但易产生耐药菌株。

1. 流行特点

（1）传染源

葡萄球菌广泛存在于自然界，在空气中、土壤中、尘土中、污水中都存在。这种疾病的传染源为患病动物及带菌动物。

（2）传播途径

葡萄球菌可通过破损皮肤黏膜、消化道、呼吸道等途径进行传染，也可经过汗腺、毛孔进入动物体内进行疾病传播。

（3）易感种群

葡萄球菌病对于多数动物、人体都有易感性。

（4）流行形式

葡萄球菌并没用明显的季节性，但是在夏季、秋季较为多发，地方流行呈散发性。

（5）致病因素

日常饲养管理不良、养殖环境恶劣、地方污染严重、各种外伤类疾病、挤乳不当、各种寄生虫疾病、并发症导致牛抵抗力降低等等，都可导致葡萄球菌的病发。

2. 临床症状及病变变化

牛感染葡萄球菌乳房炎，根据病程长短可细分为急性和慢性经过，每种疾病类型都有着不同的临床症状。急性经过表现为患区呈现炎症反应，含有大量脓性絮片的微黄色至微红色浆液性分泌液及白细胞渗入到间质组织中。小叶水肿、增大、有疼痛。重症患区红肿，迅速增大、变硬、发热、疼痛。乳房皮肤绷紧，呈蓝红色，仅能挤出少量微红色至红棕色含絮片分泌液，带有恶臭味，并伴有全身症状，有时表现为化脓性炎症。

慢性经过大多没有特殊症状表现，此类病症在病发种群中占到了 60% 左右。但是，染病后大多有产乳量下降症状。患病初期，由于没有特殊症状出现极易被忽视，随着病程发展直到在乳汁中出现絮片才会被发现染病。到了后期，病患牛会因为结缔组织增生而出现硬化、缩小表现，同时在乳池内黏膜可见息肉并有增厚表现。

3. 诊断和防治要点

（1）诊断

临床初步诊断可根据染病后的临床症状、疾病流行特点进行判断。要想进一步确诊，则要采取化脓灶的脓汁、乳汁或败血症病例的血液、肝、脾等病料涂片，革兰氏染色后镜检，依据本菌的形态、排列和染色特性做出诊断，必要时可进行细菌分离培养。血清学检查可用放射免疫法检测感染动物血清中的抗原。

（2）防治要点

应急治疗办法。临床有染病情况出现，建议首先进行药敏试验，可对病患牛体内分离出来的菌株进行试验反应，确定哪种药物是此菌种最为敏感的药物。通过文献资料查阅，用于牛葡萄球菌病治疗的药物有苯甲异恶唑青霉素钠，可按照每千克体重 2~5mg 的量进行肌肉注射，每天 2 次治疗，效果较好。其他新型青霉素也有着很好的治疗效果。此外，红霉素、庆大霉素、卡那霉素等也可用于牛葡萄球菌病的治疗，不过效果没有青霉素显著。红霉素采用肌肉注射治疗，使用剂量为 2~4mg/kg 体重，每日 2 次；卡那霉素采用肌肉注射，注射剂量为 10~15mg/kg 体重，每日 2 次；庆大霉素采用肌肉注射治疗，使用剂量为 1.5~2mg，每日 2 次。治疗过程中，有出现皮肤脓创、脓肿、坏死等症状时，应该及时进行外科治疗。

疾病预防措施。加强牛群饲养管理，减少与患病牛的接触时间，消除各种致病因素。加强牛群护养管理，避免牛只外伤产生。一旦有外伤产生，要积极做好外伤处理措施，以免伤口感染。加强养殖舍内管理，定期清扫牛舍，做好消毒管理措施，保证运动场内没有尖锐锋利的物品。

（五）李斯特菌病（李氏杆菌病）

李氏杆菌病也称为旋转病，是由于感染李氏杆菌而发生的一种人畜共患的食源性传染病，往往呈散发性。尽管该病具有较低的发病率，但病死率非常高，且很多动物都具有易感性，各个年龄的畜、禽、野生动物以及人类都能够感染发病，其中幼龄和妊娠母畜的易感性较高，且往往发病较急。该病通常具有 2~3 周的潜伏期，主要是引起败血症、脑膜脑炎以及妊娠母畜流产，严重损害养殖业的经济效益。

1. 临床症状

病牛体温可升高至 40.5℃，精神萎靡，停止采食，流泪，流涎，舌头伸至口外，且逐渐麻痹，头向一侧歪斜，作转圈运动，有时会将头部抵在栏杆上，呆立不动，腿部肌肉颤抖，耳朵下垂，眼睛半闭，即使人为驱赶也不会走动，一直保持单一姿势，最终卧地不起，发生死亡，病程可持续大约 1 周。

2. 诊断和检测

（1）病原分离

无菌条件下在病牛耳静脉取血，在普通肉汤中接种，置于 37℃条件下进行 24 h 培养，然后取培养液制成涂片，分别进行革兰氏染色和瑞氏染色，镜检可见革兰氏阳性短杆菌，单个存在、成对或者呈“V”字形排列。

取肉汤培养物在羊血琼脂平板上进行划线接种，置于 37℃条件下进行 24 h 培养，会生长灰白色的圆形菌落，表面湿润；进行 48 h 培养，菌落四周出现 β 溶血，迎光时呈现淡蓝色。

（2）生化试验

分离菌能够使葡萄糖、果糖、蔗糖、蕈糖、尿素、水杨苷水解，无法使甘露醇、棉子糖分解，不会生成硫化氢，VP 试验、接触酶试验、靛基质试验都呈阳性。

（3）动物接种试验

在羊血琼脂平板上挑取典型菌落，在肉汤培养基中接种，经过 24 h 纯培养，给 3 只健康兔分别腹腔、肌肉、静脉注射以上培养液，每只剂量 0.5 ml，同时还要进行单侧点眼。经过

24h，可见 3 只兔的一侧眼都出现结膜炎，并都在 6 天内死亡。另外，试验兔临死前发出大声惊叫，持续乱跳，如此重复发作数次后只可卧在笼内，并用嘴紧咬笼内铁条，四肢持续划动，最终由于窒息而死亡。取试验兔血液用于细菌分离，得到的病菌与接种菌完全一致。

（4）快速检测方法

改良凝集试验。玻片凝集实验中应用将共价结合有抗李氏杆菌溶血素 O（LLO）的单克隆抗体的聚苯乙烯乳胶颗粒，能够检测 0.1 ng/ ml 培养上清中 LLO，且其只会与培养上清中的李氏杆菌产生反应，而不会与其他种或者链球菌产生反应。该方法能够检测多种培养物（如肉、奶以及奶产品）中是否污染李氏杆菌，且异源的单克隆抗体不存在交叉反应。

分子生物学方法。应用分子生物学方法标志着李氏杆菌检测进入更好的发展阶段。PCR 扩增检测李氏杆菌的 inlAB 基因、hlyA 基因、23S 核糖体 DNA、16S rRNA 以及核酸探针杂交方法等的特点是敏感性高、特异性好、检测速度快。

3. 类症鉴别

（1）与脑包虫的鉴别

二者都会导致病牛做转圈运动，一侧眼睛的视力下降或者完全失明，有时双眼视力都减弱。

牛寄生脑包虫后，主要是做转圈运动，所占比例超过 75%，且转圈直径为 0.5~7 m 不等，而李氏杆菌病较少做转圈运动；寄生脑包虫处的颅骨突起或者变薄，而李氏杆菌病没有这种现象；脑包虫病会导致病牛视力缓慢减弱或者逐渐失明，食欲基本正常，不会出现大量流涎，而李氏杆菌病会导致病牛视力快速减弱或者失明，停止采食，大量流涎。

（2）与伪狂犬病的鉴别

二者都会导致病牛出现神经症状，具有较短的潜伏期，发病和死亡都快，共同特征是哞叫、转圈、流涎等。

伪狂犬病会导致病牛身躯各个部位都出现明显的局部奇痒，并持续舐吮、摩擦或者啃咬患处皮肤，导致局部脱毛，而李氏杆菌病没有这种现象。

（3）与中毒性疾病的鉴别

二者都会导致病牛出现神经症状，但中毒性疾病往往是群体性发生，且发病快、持续时间短。

中毒性疾病一般饲喂同种饲料或者相同饮水的牛都会出现发病，并在短时间内呈现集中发生，不会在长时间呈现点状散发。

4. 防治措施

（1）西药治疗

方 1：病牛可按体重使用 100 mg/kg 20% 磺胺嘧啶钠注射液，与 200 mL 10% 葡萄糖注射液混合均匀后静脉注射。之后 20% 磺胺嘧啶钠注射液用量减半，每天 2 次，连续使用 3~5 天。

方 2：病牛按体重分别肌肉注射 0.1 g/kg 头孢噻呋和 5 mg/kg 硫酸庆大霉素，每天 2 次，连续使用 3 天。

方 3：病牛按体重口服 0.1 g/kg 复方氟苯尼考粉（主要成分为氟苯尼考、增效剂、黄芪多糖等），每天1次，连续使用5天。另外，在饮水中添加300 mg/kg复方阿莫西林，还要加入0.5%多维葡萄糖、0.1%维生素C，每天3次，连续使用3天。

方4：如果病牛表现出比较严重的神经症状，可按体重使用50 mg/kg水合氯醛，与适量水混合均匀后通过胃管投服。由于该药可损伤口腔黏膜，禁止灌服。

（2）中药治疗

如果病牛恢复速度比较缓慢，可采用中药治疗。取黄芩、茵陈、茯苓各35 g，柴胡、菊花、双花各40 g，车前子、生地、远志、木通各30 g，10 g琥珀，全部研成细末，添加适量温水，调和均匀后灌服，每天1次，连续使用3天。

（3）加强饲养管理

圈舍内的粪便、垃圾以及各种污物要及时清除，并使用3%氢氧化钠对环境、地面进行消毒，每周1次，还要使用0.5%百毒杀对水桶、饲槽以及其他用具用进行刷洗。

由于该病具有很多传染源，为此牛场内禁止饲养其他畜禽，也不允许其他畜禽以及野生动物进入。及时将舍内、牛场以及饲料库内的老鼠消灭，避免感染发病。

另外，由于人也对李氏杆菌病具有易感性，为此与病畜禽有接触的相关工作人员要加强防护。对于患病畜禽，禁止作为食用，要采取销毁或者做工业用，但康复后能够进行宰杀。

（六）牛传染性胸膜肺炎

牛传染性胸膜肺炎是养牛业常见的传染病之一，一旦爆发，会造成较大的死亡率，所以养殖户应熟悉掌握该病的常见症状与防控措施。

1. 临床症状

（1）急性败血型

体温突然升高到40℃以上、脉搏加快、食欲减退、被毛粗乱、鼻镜干燥、呼吸困难、反刍停止，有时还流鼻液和眼泪、腹泻、粪中可能混有纤维蛋白甚至血液，有时尿中也可能带血，一般在24小时内死亡。

（2）肺炎型

病初表现为虚弱、结膜充血、心跳加快、体温升高、呼吸困难、胸膜肺炎症状逐渐明显、鼻液带血呈红色、干咳、胸部叩诊有浊音、听诊呈啰音。

（3）水肿型

病牛胸前及头颈部有水肿，重者可波及下腹，舌咽肿胀，眼红肿、流泪，流涎，呼吸困难，黏膜发绀，常因窒息或下痢虚脱而死。

2. 剖检变化

特征性病变主要在胸腔。

典型的病例是大理石纹肺和浆液性纤维变性引起的胸膜肺炎。肺和胸膜的变化可根据病变过程分为三个阶段。疾病早期以小叶性支气管肺炎为特征。肺炎病灶充血、水肿，呈鲜红色或紫红色。中期为浆液性纤维素胸膜肺炎。病肺肿胀，重量增加。灰白，多为单侧，多位于右侧，多位于隔叶、心叶或尖叶。这种变化是由于肺实质在不同时期的变化。肺间质水肿

增宽，灰白，淋巴管扩张，可见坏死多数。胸膜腔内充满淡黄色透明或混浊液体，多数可达10000~20000ml，含纤维素大量或凝固片。胸膜常有出血、肥大，并与肺粘连，肺膜表面有纤维素附着，心包也有同样改变，心包积液，心肌脂肪变性。肝、脾、肾未见特殊改变。在晚期，肺部病变坏死，周围结缔组织。部分坏死组织崩解（液化），形成脓腔，部分病灶完全瘢痕化。

3. 牛传染性胸膜肺炎的治疗

在该病的治疗方面，要按照“早发现、早诊断、早治疗、早隔离、早灭源”的“五早”和“无法治愈的不治、治疗费用高的不治、治疗费时费工的不治、治愈后经济价值不高的不治、传染性强危害性大的不治”的“五不治”原则分类处置。

临床上可用盐酸土霉素，按每千克体重5~10mg的剂量，1日2次，肌肉注射，连续使用2~3天；或用硫酸链霉素按每千克体重10~15 mg的剂量进行肌肉注射，1日2次，2~3天为1个疗程。

本病虽然经过早期治疗，可达到治愈的目的，但病毒仍可在牛体中长期存在，使牛长期带菌成为传染源，因此，从长远利益考虑，应对患病牛进行淘汰处理。

定期对饲养区域、器具等进行严格消毒，消毒可选用2%来苏尔或10%~20%石灰乳等制剂。

参考文献

[1] 崔孟宁，朱美玲，李柱，等 . 基于 DEA-Malmquist 指数新疆肉牛产业全要素生产率研究 [J]. 新疆农业科学，2014，(3)，363-369.

[2] 杜霖春 . 农业科研管理工作效率提升研究 [J]. 中国农业信息，2016，(07)，19.20.

[3] 尹春洋，白雪娟 . 宁夏肉牛养殖规模经营效率及其影响因素研究 [J]. 黑龙江畜牧兽医，2017 (18)：22-25.

[4] 李丽，刘敬圆 . 我国散养肉牛养殖成本效率及其影响因素分析 [J]. 时代经贸，2019 (22)：77.84.

[5] 王军，曹建民，张越杰，等 . 中国肉牛加工业全要素生产率研究 [J]. 农业技术经济，2018 (11)：102-109.

[6] 谢浩，王桂霞，杨义风 . 中韩肉牛产业的生产效率比较分析 J. 黑龙江畜牧兽医，2018 (8)：12-17.

[7] 吴海船 . 冬季肉牛规模养殖场如何提高效益 [J]. 中国畜牧兽医，2015 (11) .

[8] 赵红霞，张越杰 . 中国肉牛养殖技术效率及其影响因素分析 [J]. 中国畜牧杂志，2017，4 (10)，35-36.

[9] 石自忠，王明利等 . 我国肉牛养殖效率及影响因素分析 [J]. 中国畜牧杂志，2017，(04)，57-61.

[10] 曹广强 . 河南省肉牛养殖业生产效率研究 [D]. 吉林：吉林农业大学农业经济管理学科硕士论文，2015.

[11] 刘玉婷，刘晓利 . 基于 DEA.Malmquist 指数的黑龙江省肉牛养殖生产效率分析 [J]. 黑龙江畜牧兽医，2017，(12)，37-40.

[12] 米拉迪力 · 艾麦尔 . 牛肺炎的发病特点及防治 [J]. 兽医导刊，2020 (3)：38.

[13] 闫红羽 . 犊牛肺炎的预防与治疗 [J]. 畜牧兽医科技信息，2019 (12)：104.

[14] 刘心怡，刀筱芳，张斯旂，等 . 牛源马巴氏杆菌的分离鉴定 [J]. 黑龙江畜牧兽医，2019 (15)：79-81，85.

[15] 聂淑梅 . 浅谈肉牛场的卫生防疫与粪便处理 [J]. 吉林畜牧兽医，2020，41 (12)：132.

[16] 李进平 . 肉牛疾病防治过程中易忽视的技术要点 [J]. 今日畜牧兽医，2021，37 (07)：29.

[17] 唐柏球 . 肉牛饲养管理与疫病防治 [J]. 农家参谋，2021 (18)：133-134.

[18] 薛景龙 . 中国肉用西门塔尔牛育种目标的选择及优化育种规划的研究 [D]. 长春：吉林农业大学，2016.

[19] 梁永虎 . 西门塔尔牛和雪龙黑牛的混合群体基因组选择研究 [D]. 北京：中国农业科学院，2018.

[20] 朱波 . 一步法和多性状基因组选择在西门塔尔牛群体中的应用研究 [D]. 北京：中国农业科学院，2017.

[21] 郭鹏 . 基于并行运算的肉牛全基因组选择技术研究 [D]. 北京：中国农业科学院，2017.

[22] 牛红 . 利用单体型进行中国西门塔尔牛全基因组选择的初步研究 [D]. 北京：中国农业科学院，2016.

[23] 张静静 . 西门塔尔牛部分生长性状全基因组低密度芯片筛选 [D]. 长春：吉林农业大学，2015.

[24] 魏趁，赵俊金，黄锡霞，等 . 新疆地区西门塔尔牛核心群选择 [J]. 中国农业科学，2019，52（5）：921-929.

[25] 苗健 . 西门塔尔牛骨重和胴体重复合策略全基因组关联分析 [D]. 福州：福建农林大学，2018.

[26] 史新平 . 西门塔尔牛及杂种和牛两群体的肉质性状全基因组关联研究与选择信号分析 [D]. 保定：河北农业大学，2018.

[27] 宋禹昕 . 西门塔尔牛、雪龙黑牛两群体部分胴体性状全基因组关联分析 [D]. 北京：中国农业科学院，2017.

[28] 肖航 .ACSL5 基因对肉牛胴体性状及脂肪合成通路甘油三酯的影响 [D]. 长春：吉林大学，2017.

[29] 王丽荣 .CDC10 基因与 ELK1 转录因子影响牛成肌细胞增殖的研究 [D]. 呼和浩特：内蒙古大学，2018.

[30] 周梅 .GPR54 基因 C-816T 和 T-754C 的多态性与牛性成熟关联性研究 [D]. 安徽：安徽农业大学，2015.

[31] 张文刚 . 肉牛生长发育与胴体性状全基因组关联分析及目标区域测序捕获功能基因的研究 [D]. 北京：中国农业科学院，2017.

[32] 尹璐 . 中国西门塔尔牛 DHCR24 基因多态性及与肉质和胴体性状的相关分析 [D]. 长春：吉林农业大学，2015.

[33] 姜颖 . 中国西门塔尔牛 PPP1CB 和 ACSL4 基因多态性与屠宰性状的相关分析 [D]. 长春：吉林大学，2015.

[34] 杨颖，施巧婷，陆江，等 . 西门塔尔牛 HDAC1 基因 SNP 检测及其与屠宰性状的相关性分析 [J]. 广东农业科学，2016（2）：128-132.

[35] 于海滨，肖航，魏天，等 . 中国西门塔尔牛 GPAM 基因外显子多态性及对经济性状和脂肪酸组成的影响 [J]. 中国兽医学报，2015（4）：649-654.

[36] 曹兵海，李俊雅，王之盛，等 .2018 年肉牛牦牛产业技术发展报告 [J]. 中国畜牧杂志，2019，55（3）：133-137.

[37] 陈艳，王之盛，张晓明，等 . 生长期秦川牛能量代谢规律与需要量研究 [J]. 动物营养

学报，2016，28（5）：1573-1580.

[38] 张晓明，王之盛，陈艳，等. 生长期秦川牛蛋白质沉积效率及小肠可消化粗蛋白质需要量 [J]. 动物营养学报，2014，26（8）：2155-2161.

[39] 柏峻，赵二龙，李艳娇，等. 饲粮能量水平对育肥前期锦江牛瘤胃发酵及血液生化指标的影响 [J]. 动物营养学报，2019，31（5）：2159-2167.

[40] 柏峻，李美发，辛均平，等. 饲粮能量水平对育肥后期锦江牛营养物质表观消化率、瘤胃发酵及血清生化指标的影响 [J]. 动物营养学报，2020，32（4）：1713-1720.

[41] 刘基伟，张相伦，李旭，等. 饲粮能量水平对草原红牛代谢及血清指标的影响 [J]. 中国农业科学，2020，53（12）：2502-2511.

[42] 张美琦，李妍，李树静，等. 饲粮能量水平对 13—18 月龄荷斯坦阉牛生产性能和屠宰指标的影响 [J]. 畜牧兽医学报，2020，51（6）：1295-1305.

[43] 任春燕，毕研亮，杜汉昌，等. 开食料中不同中性洗涤纤维水平对犊牛屠宰性能器官指数及复胃发育的影响 [J]. 动物营养学报，2018，30（6）：2402-2410.

[44] 张燕，郝慧，王作昭，等. 气相色谱质谱联用仪虚拟仿真实验的建立及应用 [J]. 畜牧与兽医，2019，51（04）：136-139.

[45] 葛剑，刘贵河，杨翠军，等. 紫花苜蓿混合青贮研究进展 [J]. 河南农业科学，2014，43（09）：6-10，17.

[46] 张丁华，王艳丰，刘健，等. 多花黑麦草与紫花苜蓿混合青贮发酵品质和体外消化率的研究 [J]. 动物营养学报，2019，31（04）：1725-1732.

[47] 胡海超，周璐丽，王定发，等. 木薯茎叶和王草不同混合比例青贮对饲料品质的影响 [J]. 热带农业科学，2021，41（03）：120-124.

[48] 任小春，甘伟，江晓波，等. 饲用苎麻与甜高粱不同比例混合青贮效果研究 [J]. 草学，2621（02）：51-54，60.

[49] 阴法庭，张凤华. 饲料油菜与玉米秸秆混合青贮营养品质 [J]. 草业科学，2018，35（07）：1790-1796.